铜处理杨木单板复合材

杜洪双　秦　静　著

科学出版社
北　京

内 容 简 介

本书是关于木材功能化改良、改性技术方面的专业性较强的专著。书中广泛地综述了化学镀铜木材及其复合材的技术和各种特性，并以杨木单板为研究对象，对其表面进行化学镀铜，制作多层复合材。检测了镀铜杨木单板及复合材的表面特性、电热传导性、干缩湿胀性、蠕变性及应力松弛等性能，实现了镀铜杨木单板复合材料导热、电磁屏蔽、尺寸稳定性及抗蠕变松弛性能的提高，为电热地板及地热地板技术提供了基础性技术支撑。

本书具有专业性强、系统化的特点。本书可供木材科学与技术等专业的高校师生及对木材导热、导电功能性改良感兴趣的专业人士阅读。

图书在版编目（CIP）数据

铜处理杨木单板复合材/杜洪双，秦静著. —北京：科学出版社，2021.1

ISBN 978-7-03-067110-3

Ⅰ. ①铜…　Ⅱ. ①杜…　②秦…　Ⅲ. ①镀铜-单板-制板工艺-研究　Ⅳ. ①TS653.2

中国版本图书馆 CIP 数据核字（2020）第 239599 号

责任编辑：贾　超　李丽娇 / 责任校对：杜子昂
责任印制：吴兆东 / 封面设计：东方人华

科 学 出 版 社 出版

北京东黄城根北街 16 号
邮政编码：100717
http：//www.sciencep.com

北京九州迅驰传媒文化有限公司 印刷

科学出版社发行　各地新华书店经销

*

2021 年 1 月第　一　版　开本：890 × 1240　A5
2021 年 1 月第一次印刷　印张：5 1/4
字数：150 000

定价：98.00 元

（如有印装质量问题，我社负责调换）

作 者 简 介

杜洪双　　男，生于 1968 年 4 月，吉林省吉林市人。现在北华大学工作，木材科学与工程专业。1991 年 9 月毕业于吉林林学院木材机械加工专业，同年在南京林业大学木工学院进修木材干燥研究生课程。1992 年在吉林林学院任教，负责木材干燥课的教学任务。1998 年攻读东北林业大学的研究生班硕士学位。2004 年 9 月至 2007 年 6 月攻读北京林业大学木材科学与技术博士学位，研究方向为生物质快速热解。2005 年获北京林业大学“学习优秀奖”荣誉。

在攻读博士期间参加导师常建民教授主持的国家“948”引进项目“木材剩余物真空热解工艺及热解油制胶技术引进”，参加了吉林省科学技术厅“利用玉米淀粉生产 API 胶黏剂”项目研究，获 2006 年吉林省科学技术进步奖二等奖。参加了吉林省科学技术厅“多元共聚水乳性高分子——异氰酸酯（环保型木材）胶黏剂的研究”项目研究，获 2006 年吉林省科学技术进步奖三等奖。

秦静　　女，生于1982年6月。2004年本科毕业于吉林艺术学院环境艺术设计专业，2009年于南昌大学设计艺术学专业获硕士学位。现在北华大学林学院任教，主要从事家具造型艺术及材料的研究。2015年于北京林业大学木材科学与技术专业获得博士学位。

在北华大学任教期间，先后讲授“工艺美术基础”“造型设计基础”“室内及家具材料学”等课程。2014年主持吉林省教育厅“十二五”科学技术研究项目“具有电磁屏蔽功能的导热地板”。2009年参加吉林省科学技术厅项目“辊压浸注技术应用于木材防护处理的研究”“环保型木材胶黏剂专用料的研究”，并获吉林省科技成果奖。2013年获《丙烯酰胺改性大豆蛋白复合胶黏剂的制备方法》专利一项。研究生期间主要从事木质复合材料的相关研究工作，并尝试将其应用于电磁屏蔽导热地板基材中，制备具电磁屏蔽功能的家具材料。

前言

为了探究镀铜杨木单板多层复合材料的化学物理特性及其力学松弛规律，为木工行业用地热地板基材研究与应用提供基础理论与技术参数，本书采用X射线衍射（XRD）、X射线光电子能谱（XPS）、近红外光谱、力学松弛等方法，对化学镀铜杨木单板及其多层复合材料的晶体结构、表面化学结构、导电性、导热性、电磁屏蔽性及其干缩湿胀性、蠕变及应力松弛等物理力学性能进行了定性、定量的分析研究，主要结果如下：

（1）在镀铜杨木单板XRD谱中观测到Cu衍射峰，呈面心立方结构。基于化学镀铜液中化学物质的作用，纤维素晶体发生了一定程度的变化，且被铜层覆盖。

（2）XPS表明，杨木单板镀层中Cu以Cu^{2+}的形式存在。随着施镀时间的延长，Cu^{+}的歧化反应趋于完全，CuOH与Cu_2O逐渐还原为金属Cu。当施镀时间达到25min后，CuOH与Cu_2O的反应渐趋完全。

（3）在800～1200MHz范围内，镀铜杨木单板电磁屏蔽效能达100dB以上，属于反射型电磁屏蔽材料。镀铜杨木单板多层复合材料A结构（见3.2节中材料部分）的体积电阻率小于B结构。在相同含水率条件下，A结构和B结构（见3.2节中材料部分）的导热性比C结构（见3.2节中材料部分）高2倍多，且随着施镀时间的增加，热导率也随之增大。

（4）在温度恒定、湿度周期变化条件下，试材A、B和C（见4.2节中材料部分）的长宽方向干缩率在0.1%～0.6%之间，厚度方向干缩率是长宽方向的5～7倍。由于连续非平衡态的叠加效应，两条曲线始终偏离各自的同一平衡态，使解吸含水率变化曲线终点始终高于吸湿含水率变化曲线的始点。B结构在吸湿过程中达到的平衡含水率高于A结构和C结构。

（5）在吸湿解吸过程中，三种结构镀铜杨木单板多层复合材料的蠕变符合机械吸湿蠕变规律。A结构（见5.2节中材料部分）抗蠕变性能优于B结构、C结构（见5.2节中材料部分）。单板镀铜处理以及恰当的组合结构能够提高镀铜杨木单板多层复合材料的抗蠕变能力。

（6）A、B、C三种结构（见6.2节中材料部分）的相对应力松弛随接合尺寸的增加趋于缓慢变化。在相同温度条件下，相对应力变化速度为A结构>B结构>C结构。其原因在于A结构中素单板被水分润胀加剧了材料的应力松弛。C结构由于表面镀铜层中铜离子的渗入，阻缓了应力松弛。由于B结构中既有素单板又有镀铜单板，所以应力松弛变化居中。

本书由北华大学杜洪双和秦静撰写，由于时间仓促，加之作者水平有限，书中不妥之处在所难免，敬请读者批评指正。

著　者

2021年元月

目　　录

第1章 绪 论

1.1 引 言

木材作为可再生的生物质资源，其使用历史悠久，能够自然降解和循环利用，是人类最重要、最宝贵的财富之一（李坚，2013）。电磁污染作为第四大公害，已被联合国人类环境会议列入必须控制的主要污染物之一。电磁辐射充斥在空间中，无色无味无形，对人居环境造成了极大的危害。木材作为人居环境中必不可少的装饰材料，不同于其他材料，是良好的绝缘体，其不能用电镀表面进行表面金属镀覆，只能采用化学镀的方式进行首次处理。因此，提高人居环境中木质电磁屏蔽材料的使用率和覆盖率就必须将化学镀和木材加工行业紧密结合起来。

为了能够合理有效、高效科学地利用低质高产的人造林木材资源，克服人造林木材自身的缺点和不足，需要利用各种新的技术对人造林木材进行物理、化学、力学等功能性改良。对人造林木材进行化学镀铜可以赋予木材电、热传导性能与电磁屏蔽性能，并且对化学镀铜单板进行复合后，能够赋予木材新的装饰性和功能性。

化学镀是提高金属等材料表面耐磨性和耐蚀性的一种表面强化方法，在20世纪50年代初期国外就出现了许多化学镀工艺方面的专利，并不断解决和完善工艺参数、过程控制等技术及操作问题，延长了镀液寿命，降低了成本，从而不断开拓了其在工业生产中的应用。化学镀铜作为化学镀技术中与化学镀镍是最早发明并得以应用的技术之一，良好的延展性、导热性和导电性以及化学镀所特有的无边缘效应是其特有的优势。最初化学镀技术仅应用于钢铁为主的金属材料上，之后应用范围逐步扩大。按化学镀反应原理可知，施镀是在一定的催化条件下，采用强还原剂次亚磷酸盐，使镀液中镍盐的镍阳离子还原，同时次亚磷酸盐分解，产生磷原子进入镀层，形成过饱和的镍磷固溶体（郭海祥，1995）。化学镀技术在发展初期，其应用仅限于以钢铁为主的金属材料，后来逐步扩大至不锈钢、有色金属、陶瓷等材料。但是，不同基体的材料对化学镀的适应性不一，因而化学镀的前处理方法各不相同，针对不同的基体材料进行适当的前处理，是保证化学镀工艺的先决条件和步骤（郭海祥，1992）。因此，在一定的催化条件下，基体金属会对镀液产生不同的催化效果。按基体材料对化学镀不同的催化活性，可分为五大类。

1. 催化活性高的金属

催化活性高的金属有普通钢铁、镍、钴、铂、钯等。由于这些金属对化学镀镍磷反应具有高的催化活性，故只要进行一般的镀前处理，即可直接进行化学镀镍磷。其中对于含有石墨的铸铁材料，镀前活化工艺必须控制好活化液的浓度和活化时间，以不产生表面腐蚀孔为宜。

2. 有催化活性但表面有致密氧化膜的金属

铝及铝合金、铜、不锈钢、镁、钛、钨、钼等金属表面均有较为致密的氧化膜，不易进行化学镀镍磷。故对这类金属要进行适当的活化处理后才能施镀。由于铝及铝合金表面易形成致密的氧化铝膜，同时其电位很负，在镀液中常受侵蚀并置换出被镀金属，从而影响镀层的结合力，镀液也易分解失效。因此，必须去除表面氧化铝膜并防止镀前再次形成，同时在铝表面形成特殊结构的薄膜，以提高镍磷镀层的结合力。另外，也可与电镀相配合，进行适当的预镀处理。由于铝及铝合金种类繁多，同一合金又可能有不同的热处理状态，故应根据铝合金不同成分和不同的表面状态，施予不同的镀前处理。由于不锈钢表面有着致密的钝化膜，对化学镀镍磷起阻碍作用，故需进行活化，以破除钝化膜。对于形状简单的零件，可按不锈钢电镀前的预镀镍工艺进行预镀镍后，再进行化学镀镍磷。而对于形状复杂的零件，则可用强酸性溶液在一定温度下进行适当的活化处理（李鸿年等，1990）。对镁合金的化学镀镍磷可在浸锌并预镀铜后进行，也可经活化处理后直接进行化学镀镍磷。

3. 非催化活性的金属

铜、银、金等金属需在触发或催化处理后才能进行化学镀镍磷。触发方式有电偶触发和电源触发。此外，也可在氯化钯溶液中浸渍活化后，再进行化学镀镍磷。但浸渍后要彻底水洗，以防氯化钯进入镀液而引起镀液的自然分解。

4. 有催化毒性的金属

铅、镉、锌、锡、锑等金属是化学镀镍磷溶液的毒化剂。它们的少量存在，都会对镀液造成污染甚至镀不上。因此，这些金属必须在预镀铜或镍后，才能进行化学镀镍磷。

5. 非金属材料

除金属材料外，非金属材料经过特殊的镀前处理，也可进行化学镀镍磷，只是要根据不同材质的陶瓷，采用相适应的镀前处理，才能获得满意的化学镀效果。

加快将化学镀铜技术作为木质电磁屏蔽材料制备技术中的关键技术，并应用于木材加工行业，结合镀铜层的装饰性和功能性，将会为木质电磁屏蔽材料制备技术的工业化进程打下坚实的基础。

关于化学镀铜单板，国内外已经开展了诸多研究，这里归纳了截至目前的化学镀单板、与之相关的干缩湿胀、应力松弛等方面的研究现状，提出了该领域值得研究与探索的科学问题。

1.2 国内外研究现状

1.2.1 电磁屏蔽材料制备方法

电磁屏蔽材料的制备大多通过表面涂覆等方式来实现。物理制备技术起步较早，应用比较广泛。其制备方法包括真空镀技术（真空蒸发镀、真空溅射镀及真空离子镀）、涂覆技术等方式。

1. 真空镀

真空镀技术是20世纪初期开发的，最初将金属沉积在玻璃上，利用物理方法在镀件的表面镀上薄膜的技术。随着科学技术的发展，真空镀成本逐步降低，以及精密控制金属沉积厚度的新技术开发，为其推广应用奠定了良好的基础。

真空镀技术具有以下几个特征：

（1）利用真空的压力差产生的物理能量。

（2）在真空中，释放的金属原子的飞行距离增大。

（3）释放出的金属原子不与气体分子碰撞，从而防止了化学反应的产生。

（4）保持被镀物体表面洁净，可改善金属原子与纤维的附着牢度。真空镀的膜层厚度比金属箔要薄得多，如真空镀铝层的厚度为0.04～0.05 μm。如果要求较高的导电性和反射率或不透光性，可提高真空镀金属层的沉积厚度。真空镀通常以镀铝为主，这也限制了真空镀的技术应用范围。

（5）在镀料种类及基片与蒸发源距离保持不变的前提下，镀膜厚度随镀料质量的增加作线性增长。

（6）在与基片等距离的条件下，相同质量的蒸镀材料蒸发镀膜所得薄膜的厚度与所用镀料密度近似成反比。

（7）在保持质量不变的前提下，相同种类的蒸镀材料蒸发镀膜所得薄膜的厚度近似与基片中心到蒸发源距离的平方成反比。

真空镀膜是一项实用性很强的技术，通过在一些光学元件的光学表面镀上一层或多层薄膜，可使光线经过该表面的反射光特性或透射光特性发生变化。因此真空镀技术仍然是研究人员关注的热点技术。

2. 涂覆技术

涂覆工艺的应用十分广泛，从汽车机械、航空航天到室内装饰、家具制造，在电磁屏蔽应用方面，主要有以下的分类（表 1.1）。

表 1.1 涂覆工艺在木质电磁屏蔽中的应用比较

	涂料工艺			贴箔工艺
	喷涂	淋涂	浸涂	金属箔
原料组成	金属粉末	含金属粒子成膜物质	含金属粒子成膜物质	—
材料类型	粉末涂料、无溶剂型涂料	溶剂/水型涂料	溶剂/水型涂料	金属箔
应用范围	各种样式	板式	板式	较为平整表面
电磁屏蔽效果	一般	一般	一般	较好

1）涂料工艺

电磁屏蔽涂料是把导体型涂料涂装在普通材料上而成的，是一种经济实用的新型材料。导电性涂料由于价格适宜、工艺简单、施工方便，发展很快。例如，在热塑性丙烯酸树脂黏合剂中，加入金属粉末混合涂装即可。涂装时需用溶剂稀释后方可进行喷涂。其中，银系、镍系、铜系为防电磁干扰的屏蔽涂料的主要系列。

银系涂料是最早开发的品种之一，美国军方早已将其用作电磁屏蔽材料，流行于20世纪六七十年代，随后被诞生的镍系涂料所取代。镍系涂料价格适中、结合力好，电磁屏蔽效果好，因而应用较为广泛。但也有高频场电磁屏蔽效果欠佳等不足之处。铜系涂料因铜的体积电阻率低而前景光明，也由于铜粉的防氧化技术在近年开拓成功，使铜系涂料得到迅速发展。

涂料在木材加工行业的应用极为普遍，而具有电磁屏蔽功能的涂料属于特种涂料，在木材加工业的应用范围很小。作为涂料的一种，其兼具涂料的种种优势，如成本较低、涂饰方式较为简单、适用于各种表面等，具有很好的应用前景。但电磁屏蔽涂料的缺陷是，填料的多少和涂层的均匀性决定着涂料的电磁屏蔽效能；导电介质在溶剂中的分散度对电磁屏蔽效能的影响也很大；操作工需要具有一定的熟练度，机械化要求更高。

有的研究学者以丙烯酸乳液为基料，去离子水为溶剂，抗氧化性强的导电镍粉为主要填料，再添加一定量的助剂，制备出了针对混凝土建筑物进行涂刷的水性镍系内墙电磁屏蔽涂料，并采用屏蔽室法模拟实际涂装条件,测定了屏蔽涂料在频率范围内的屏蔽性能。结论表明在频段范围内，涂料在远场区和近场区的屏蔽性能较好，屏蔽涂料作混凝土建筑物内墙涂料切实可行。

2）贴箔工艺技术特点

为防止电磁波干扰，金属箔的应用最早也最广。常用的箔材有铜箔、铝箔、镍箔、铁箔、不锈钢箔等。电解铁箔是其新品种之一，它经电解高速卷绕制成，由于经过镀锌、铬酸盐钝化处理，外观美丽，导磁导电性能优异，而且容易与其他材料复合，因此成为一种优良的抗电磁干扰包装材料。

贴金属箔工艺作为市面上流行的贴面工艺，具有以下特点：贴箔表面光洁平整，金属光泽饱满，质感强烈，金属箔粘贴牢固，无接缝。但它也有天然的缺陷，由于金属箔的厚度非常薄，对工匠的手工技艺要求很高，施工中往往会因为很轻微的动作造成裂纹，无形中增加了成本。同时，贴箔工艺对被覆盖表面的平整度要求高，否则会降低胶合的效果。此外，金属箔的电磁屏蔽性取决于厚度以及金属箔与箔之间的接缝大小。

1.2.2 化学镀铜单板

1947年，由Henry首次报道了铜镀膜技术（Henry，1995）。在研究的初始阶段，化学镀铜液的稳定性很差，所配制的溶液很容易自动进行分解，且镀液的施镀范围不可控，所有与溶液接触的地方都有沉积物。化学镀铜类似的技术最早是由Cahill在1959年提出的，他采用了酒石酸盐碱性镀铜液，溶液主要以甲醛作还原剂（申丹丹，2007）。真正意义上的商品化学镀铜液出现于20世纪50年代，随着印制线路板（PCB）通孔金属化的发展，化学镀铜得到了最早的应用（李宁，2004）。经过50多年的不断发展，化学镀铜技术形成了相对完善的基础理论，并建立了初步的技术体系，具备了较高的工业化基础。化学镀铜是在催化活性物质的促进下，在甲醛等还原剂的作用下，使铜离子还原析出。铜层的厚度在一定范围内可通过施镀时间的变化来调节。施镀时间越长，镀铜层的厚度就越大；但超过了一定时间以后，镀铜层的厚度就不再增加，无需继续施镀（Zhou and Zhao，2004）。化学镀铜技术相对于电镀铜来说，其优势主要有以下几点：施镀基体范围广泛，镀层厚度均匀，工艺设备简单，镀层性能良好，镀层传导性能好。

自20世纪80年代开始，日本学者对木材的化学镀铜进行了大量的研究。选用杉木、杨木等常用的树种，先对木材进行基材处理，再对其进行树脂道封闭、脱脂、附着活化剂等预处理，最后对木材进行化学镀。研究表明，有机溶剂比水系溶剂的洗净效果更明显，木材的树种、镀液的温度、镀液的浓度、处理时间对木材沉积金属镀膜的影响较大，有机溶剂比水系溶剂的洗净效果更明显，处理后木材的力学性能有不同程度的降低，镀铜工艺还需要更加完善（長澤長八郎和梅原博行，1992；長澤長八郎和熊谷八百三，1992）。Nagasawa 等对木材颗粒进行了化学镀镍，并解释了镀后木材颗粒的表面电阻率、体积电阻率与电磁屏蔽效能的关系，研究表明，通过增加金属化木材颗粒的数量和应用压力可有效提高木材颗粒的电磁屏蔽效能，木材颗粒的电磁屏蔽效能大于 30 dB（Nagasawa et al.，1999）。長澤長八郎等利用 Dual-Chamber 法研究了中心层金属化木质刨花制成刨花板电磁屏蔽效果的评价，指出屏蔽效果的测量值依条件转换而定，木质刨花制成刨花板中心层的金属化可通过覆盖样品两表面的非导体获得。电磁屏蔽效能的测量值会通过调整频率变化的不同而不同，依数据转换而定的电磁屏蔽效能的测量值也不相同（長澤長八郎他，1991；長澤長八郎和梅原博行，1992；長澤長八郎和熊谷八百三，1992）。

截至目前，化学镀的研究包括铜、镍、金、银、铂、钯及化学复合镀层和化学镀多种合金层。20 世纪 80 年代，日本学者对木材化学镀方面进行了大量研究，如品川俊一等对纸板进行化学镀（品川俊一他，1989）、長澤長八郎等对木片刨花、单板化学镀以及制品的导电性和电磁屏蔽性进行了研究（長澤長八郎和梅原博行，1992；1990；長澤長八郎和熊谷八百三，1992；1990；1989；長澤長八郎他，1991；Nagasawa et al.，1999），日本富山县木材试验场木材研究员长谷川益夫针对木材化学镀树种的适应性和木制品化学镀的装饰性进行了研究。选用常用的树种，先经过基材处理，然后进行脱脂、封闭树脂道、附着活化剂等预处理，最后进行化学镀。试验表明，采用有机溶剂进行镀后处理比水系溶剂的效果更明显；木材的树种、镀液的温度、镀液的浓度、处理时间对木材沉积金属镀膜的影响较大；有机溶剂比水系溶剂的洗净效果更明显，处理后木材的力学性能有不同程度的降低；基材处理，合适的树种，脱脂、封闭树脂道、附着活化剂等预处理对化学镀效果的影响较大。处理工艺还需进一步完善（長澤長八郎和梅原博行，1992；1990；長澤長八郎和熊谷八百三，1992；1990；1989；長澤長八郎他，1991）。品川俊一等对木粉中添加金属粉末和经过化学镀的导电纤维制成板材进行了研究，在添加金属铝纤维为8%、14%和19%时，所制成的板材电磁波的屏蔽效能可以达到20 dB、40 dB和50 dB左右，而对于经过化学镀的导电纤维制成板材在添加量为7.3%和9.0%时，所制成的板材电磁波的屏蔽效能就可以达到20 dB和50 dB左右（品川俊一他，1989）。在单板和聚酯（PET）切片化学镀镍的研究中，树种选用桦木，单板厚0.2 mm，幅面为15 cm × 7.5 cm，PET选用厚60 m、40 m、30 m的样品，进行表面处理、干燥、加入催化剂、气干后进行化学镀。其研究结果表明：①金属沉积量和使用镀液比例存在如下关系：随着镀液比例的增加，金属的沉积量也在增加。②单板表面的电阻率与沉积金属存在如下关系：被镀单板中顺纤维方向的电阻率要低于横纤维方向的电阻率，同时，金属的沉积量越大，电阻率也越低。③在分别加入不同镀液的情况下，对杉木单板进行化学镀，结果表明镀液的量越大，电磁屏蔽的效果越好（長澤長八郎他，1991）。

近年来，国内对化学镀木质电磁屏蔽复合材料的研究又有了新的方向与进展。郭忠诚等对化学镀层的应用进行了分类，用化学镀铜使活化的非导体表面导电后，以制造双面孔化印制板和多层印制线路板，可使环氧和酚醛塑料形成波导、腔体结构或其他塑料件金属化后电镀其他金属。他们介绍了6种化学镀铜的方法：①酒石酸盐体系化学镀铜；②EDTA为络合剂的化学镀铜；③EDTA盐与$KNaC_4H_4O_6$双络合剂体系；④氨基三甲叉膦酸（ATMP）；⑤二次化学镀铜液；⑥HEDTA酸性化学镀铜（郭忠诚等，1996）。

周杲对木材化学镀铜后的镀铜层性质进行了探讨（周杲，2005）。Wang 等通过能量色散光谱仪（energy dispersion spectrometer，EDS）、X 射线衍射（X-ray diffraction，XRD）仪以及扫描电子显微镜（scanning electron microscope，SEM）等检测方法测得在溶液为 500 mL、施镀时间在 30 min 且施镀温度为 60℃时化学镀铜单板的电磁屏蔽效能接近 55～60 dB（Wang et al.，2006）。黄金田等通过对化学镀镍单板进行光学显微镜观察和分析，发现在木材的细胞腔和细胞壁上的木射线组织、纹孔、管胞，以及木纤维上都有金属镍的沉积。树种不同，金属镍渗入木材的路径和组织结构也不相同（黄金田和赵广杰，2004）。霍栓成等对常见的镀铜工艺进行了详细的介绍，并比较了各种镀铜工艺的利弊，提出了解决办法（霍栓成和张海燕，1998）。王立娟等利用化学镀法在桦木单板表面沉积 Ni-P 合金镀层制得镀镍桦木单板。测试了镀层与单板表面的结合强度，对比分析测试了镀镍前后单板的抗拉强度、胶合强度、表面润湿性及导热性，同时还分析了其环境适应性（如抗低温、耐高温和耐腐蚀性等）。结果表明，镀层与单板表面的结合非常牢固，经表面镀镍后，抗拉强度和表面耐磨性有所提高，胶合强度和表面润湿性有所下降，导热性能显著提高。镀镍桦木单板具有良好的抗低温、耐高温和耐腐蚀性能，能够满足实际应用的要求（王立娟等，2007）。商俊博从制备工艺入手，综合考虑色差和沉积速率等因素，制定了新型镀液配方，发现在施镀时间为 25 min 以上时，可以满足 9 kHz～1.5 GHz 范围内对电磁屏蔽效能的要求（商俊博，2009）。Sun 等用壳聚糖尝试改变桦木单板的表面电阻率，当壳聚糖的浓度为 0.8%时，镀铜桦木单板的表面电阻率可达 $119\text{m}\Omega \cdot \text{cm}^2$，能量色散光谱仪（EDS）、X 射线光电子能谱（X-ray photoelectron spectroscopy，XPS）分析仪等检测结果表明，镀覆在表面的 Cu 元素是以 CuO 的形式存在的，并且镀后桦木单板的电磁屏蔽效能大于 60 dB（Sun et al.，2012；2011）。

1.2.3 化学镀木质复合材料

長澤長八郎等选用日本赤松为施镀材料，对木片进行化学镀镍，用镀镍后的木片制成的刨花板进行了防静电和电磁屏蔽的研究。木材刨花通过 12～20 目的筛网获得，条件设定在室内温度为 23℃±2℃，相对湿度为 50%±5%。之后对刨花进行表面处理，首先对刨花进行化学镀，采用的方法为点滴法，化学镀时镀槽始终充满 500 mL 温度为 85℃、pH 为 6.5～7.0 的镀液。其次，将处理的刨花在 105℃条件下干燥 2 h，室温条件下在一定浓度的硅烷偶联剂乙醇或水溶液中进行表面处理，这时的刨花表面形成一层活化层，再在室温下浸入 250 mg $PdCl_2 \cdot 2H_2O$ 和 2.5 mL HCl 的水溶液中，过滤后在空气中干燥。最后将镀镍的木片冲洗干净并在烘箱中干燥，得到化学镀的木片。然后，在热压温度为 100℃，时间 15 min、压力 2.5 MPa 或 5.0 MPa 的条件下压制成刨花板。之后对所得刨花板进行性能测试，结果显示：①导电刨花板的密度在相同导电条件下是塑料物质的一半。②沉积金属量和体积电阻率的关系：刨花中沉积的金属越多，刨花板的体积电阻率越小；在相同的金属沉积量情况下，压力越大，刨花板的体积电阻率越小。③刨花板的体积电阻率与电磁屏蔽效果之间的关系：刨花板的体积电阻率越小，电磁屏蔽的效果越好（長澤長八郎和熊谷八百三，1989；Nagasawa et al.，1999）。朱江利用轻质木材刨花热压制成具有导电功能的电磁屏蔽材料，通过分析比较氯化钯乙醇溶液活化工艺、银氨溶液常温活化工艺和铜盐溶液活化工艺，择优选用铜盐溶液活化工艺对基材进行活化处理，化学镀铜后利用环氧树脂双组分胶黏剂将施镀后的导电单元热压制成具有导电功能的电磁屏蔽材料。此种木质电磁屏蔽复合材料在 9 kHz～1.5 GHz 电磁波测试下，电磁屏蔽效能平均值为 60.44 dB，完全可以满足民用电磁屏蔽材料必须大于 35 dB 的要求（朱江，2009）。

潘艳飞等为了探究木材表面化学镀的影响因素，先对杨木单板进行连续化学镀铜，再连续化学镀镍，进而制备理想木基金属复合材料。在单因素试验的基础上，以镀层粗糙程度为指标，采用响应面法优化化学镀的工艺条件，分析验证了利用响应面法分析结果可靠，获得了木材表面复合镀层粗糙程度的理想制备工艺条件（潘艳飞等，2020）。郭文义等对杨木复合化学镀 Cu-纳米 Fe_3O_4，以获得具有优良磁性能的木材基复合材料，采用响应面法优化了制备工艺，发现镀液纳米 Fe_3O_4 质量浓度对复合材料磁性能的影响最显著，建立了复合材料的饱和磁化强度与纳米 Fe_3O_4 质量浓度、超声功率和时间之间的回归方程。在较优工艺条件（纳米 Fe_3O_4 质量浓度 2.5 g/L，超声功率 800 W，超声时间 70 min）下制备的木材/Cu-纳米 Fe_3O_4 复合材料表面均匀、致密，具备超顺磁性。验证试验结果与回归方程的预测值吻合，证明了响应面优化法适用于木材/Cu-纳米 Fe_3O_4 复合材料磁学性能的预测与优化（郭文义等，2019）。李景奎以 31 年树龄的樟子松木材单板为基材，采用封闭剂和超声波等处理木材单板，利用磁控溅射法在木材单板表面生长 Cu 薄膜和 ZnO 薄膜，实现纳米 Cu/ZnO 镀层木基复合材料的制备；探讨不同溅射时间对木材单板金属化结构和物理性能渐变过程的影响；研究磁控溅射基底温度和超声波处理木材对镀铜木材单板物理性能的影响。结果表明，利用磁控溅射法能实现木材单板金属化，基底温度对磁控溅射镀铜木材单板的物理性能产生很大影响，超声波处理能够加剧木材表面多孔性结构，利用磁控溅射法能制备“封闭剂型”纳米 ZnO/木材复合材料，不经过化学反应，也不使用任何有机溶液处理木材单板，利用磁控溅射法直接在木材单板表面生长 ZnO 薄膜，实现了木基纳米 ZnO 复合材料的制备（李景奎，2019）。孙丽丽等研究了桦木、水曲柳化学镀铜的视觉环境学特性，结果表明镀铜单板表面颜色为明度与饱和度均较高的橙红色，涂饰后颜色偏向红色且较为深暗，可以引起温暖、豪华和明快等视觉心理感觉；镀铜使单板表面光泽度有所提高，涂饰后光泽度降低，给人以稳定和平静等视觉心理感觉（孙丽丽和王立娟，2016）。Amer 等采用化学镀和电弧放电沉积两种方法在山毛榉木基体上制备了镍膜。结果表明，所制备的薄膜均覆盖了整个山毛榉木材表面，厚度在 0.7～2.3 mm 之间；在化学镀和电弧放电沉积两种方法中分别测定了镍的微晶尺寸为 10 nm 和 23 nm；山毛榉木是一种很有前途的真空等离子体和化学溶液环境下的金属沉积基板（Amer et al.，2016）。Pan 等研究了利用简单化学镀方法在木材表面制备 Ni-P/纳米 SiC 复合镀层技术，研究了 Ni-P/纳米 SiC 复合镀层的平整度、孔隙率和结晶度。复合镀层的平整度和孔隙率随 SiC 含量的增加而增加，随着 SiC 含量的增加，复合镀层中的颗粒均匀性明显提高，复合镀层的平整度、孔隙率和结晶度与复合镀层中 P 的含量有关（Pan et al.，2015）。贾晋为了获得集装饰性和功能性于一体的木基复合电磁屏蔽材料，对木材表面化学镀铜、镍工艺进行了研究，分析了不同还原剂对木材表面化学镀铜镀液稳定性的影响，对金属化后的木材表面镀层的成分、结晶度、耐磨性能、硬度及耐水性能做了测试，通过电磁屏蔽效能测试系统对不同厚度的木材金属化后的电磁屏蔽效能进行测试。结果表明，以次亚磷酸钠为还原剂的镀液的稳定性远高于以甲醛为还原剂的镀液稳定性，以甲醛为还原剂的化学镀铜溶液必须在高碱性（pH>11）下才能发生有效的反应，但以次亚磷酸钠为还原剂的化学镀铜液中需添加再活化剂 Ni^{2+} 离子，以保证化学镀反应的持续进行；通过利用化学镀 Cu/Ni 的方法对木材表面进行了金属化处理，发现木材经过处理后依然保持原有的孔隙结构，但表面已完全被镀层所覆盖，镀层材料组织致密、硬质相分布均匀，界面结合良好；在镀铜、镀镍及复合镀中反应良好，没有氧化物及其他物质生成，晶体成分较纯；通过表面金属化后木材表面的接触角明显增大，说明耐水性能明显增强；不同厚度的单板表面金属化后在 9 kHz～1.5 GHz 的电磁波辐射下电磁屏蔽效能值也不同，随着单板厚度的增加，电磁屏蔽效能值在高频段呈现下降且不稳定的趋势（贾晋，2011）。

1.2.4　导电导热及电磁屏蔽型木质复合材料

Lambuth 用木刨花、导电性炭黑、木质纤维素等加胶黏剂制成一种中密度或高密度的导电刨花板，其中炭黑的应用面积需要大于 20 m^2/g，束状木质纤维素长宽比为（1∶1）～（40∶1），片状木质纤维素长宽比为（1∶1）～（20∶1）。此种刨花板具有防静电的功能，可以用在地板或隔墙等地方（Lambuth，1990）。傅峰等通过全电流充放电法，测得在刨花施胶过程中施加不同种类和数量的抗静电添加剂时，刨花板体积电阻率呈下降趋势，并借此讨论了刨花板的抗静电机理，分析了抗静电性能。结果表明：抗静电剂与石墨或甘油共同作为抗静电添加剂时，刨花板体积电阻率下降明显。与普通刨花板相比，电阻率下降了两个数量级。此外，刨花板的含水率和密度对其抗静电性能也有较大影响（傅峰和华毓坤，1994）。傅峰等通过导电单元掺杂黏合单元并叠层复合木质单元研究了导电功能木质复合板材的渗滤阈值，结果表明：形成渗滤效应时的阈值为 8%～14%，对应的导电单元施加量和填充量分别为 14%～25%和 12%～20%，形成渗滤效应之后，导电功能的均匀性较好，此外，相关机理和量化关系还有待深入研究（傅峰等，2001）。

加藤昭四郎等在 5 cm 厚的胶合板表面覆盖一层金属箔，如铜箔、铝箔、铁箔等，或者金属粉末。再在金属箔上贴上聚合物水泥砂浆（PCM）膜，或在金属粉末层上贴上装饰板。结果显示：在 30～500 MHz 范围内，三层复合材料[胶合板/金属箔（或金属粉末）/PCM]具有良好的电磁屏蔽性能，在 30～500 MHz 范围内，电磁屏蔽效能达到 30 dB 以上；其中铜箔和铝箔电磁屏蔽效能为 50～80 dB；铁箔为 30～60 dB；用金属粉末制成的复合材料电磁屏蔽效能较差，小于 10 dB（加藤昭四郎他，1991）。唐沢健司等研究了碳纤维板的力学性能与电屏蔽性能，所用碳纤维板是由碳素材料（如碳素纤维纸和石墨板等材料）与多种木质材料复合而成。结果显示，碳纤维板的力学性能和电屏蔽性能较好，但是磁屏蔽效果不好（唐沢健司他，1992）。井出勇等利用石墨酚醛树脂球 GPS（graphite phenol-formaldehyde sphere）制造 30 mm 厚，两面有 10% GPS 覆盖的刨花板，其电磁屏蔽效能可以达到 40 dB（井出勇他，1992）。朴钟莹等将碳纤维束（carbon fiber strand）与木质纤维混合制造中密度纤维板。结果显示，当碳纤维束含量达到25%时，所制成的中密度纤维板在 30～1000 MHz 范围内的电磁屏蔽效能大于 30 dB；并将钢纤维垫（steel fiber mat）加入木质纤维制造成中密度纤维板，其电磁屏蔽效能在 30～1000 MHz 范围内可以达到 35～75 dB（朴钟莹和徐守安，1993）。Ivan 研究具有导电性能的刨花板，用添加碳的方法找到了提高刨花板导电性能的工艺，并借助于几何和渗滤模型评价导电添加剂（碳）浓度和刨花几何尺寸对刨花板导电性能的影响（Ivan，1996）。石原茂久用酚醛树脂（32.5%）和木炭（67.5%）的混合颗粒制造薄板，薄板厚度为 1 mm，结果发现，当木炭的碳化温度在 800℃以上时，混合后的薄板具有良好的电磁屏蔽效能，电磁屏蔽效能可以达到 30 dB 以上（石原茂久，2002）。

Nayak 等利用基于聚砜树脂（PSU）的碳纳米纤维（CNFs）复合材料制备了一种轻质电磁屏蔽材料。通过分析纳米复合材料的电磁波透射、反射和吸收特性，研究了纳米复合材料的电磁屏蔽效能。在室温下研究了不同质量分数 CNFs（3%～10%）纳米复合材料的电导率和电磁干扰，并在 8.2～12.4 GHz 的频率范围内进行了电磁干扰的测量。通过比较 PSU/CNFs 纳米复合材料的反射和吸收对总电磁干扰的贡献，很好地解释了 PSU/CNFs 纳米复合材料的电磁屏蔽机理（Nayak et al.，2013）。

华毓坤等用意杨单板为原材料，以两种不同粒度的导电粉和一种导电液为导电介质，添加脲醛树脂胶黏剂研制导电胶合板。结果显示，三种导电介质都可以很好地提高胶合板的导电性能，使胶合后板材的电阻率下降到 100 Ω 以下，尤其是粒度较大的金属粉末对胶合板导电性能的提高作用显著，但是粒度小的金属粉末其电阻的均匀性比较好。导电粉也相当于填充剂，可以降低胶层的脆性；而导电液的加入对胶合板的胶合强度有不利影响（华毓坤和傅峰，1995）。李坚等在温度为 130～150℃的一个压力处理器中，以熔化的合金以及金属单质注入木材制得了木材-金属复合材料，其处理方法同用油或水注入木材的工艺相似，只是温度较高。处理后木材的相对密度增加了 2～6 倍，力学强度提高了 2～4 倍，可以用于壁板、地板等装饰材料中，加入重金属后的木材可以用于有射线辐射的空间（李坚等，1995）。王二壮利用传统的胶合板生产流水线和设备，以热熔性黏合剂，如聚乙烯膜、聚丙烯膜、聚氯乙烯膜等，把木材和金属片（箔）黏结在一起来制造复合型的胶合板（王二壮，1996）。王广武采用冷弯轧制法，将铝板、铁板、铜板、金属复合板等金属板复合在木材表面（王广武，1998）。张丰等发明了一种抗静电的复合地板，以层压刨花板为基材，基板上有按坐标网络节点布置的孔，孔中填充有导电性棒式抗静电材料，基板的上下表面用导电材料板粘贴（张丰和虞孟起，1999）。黄耀富等把炭黑作为介电物质加入纤维板中，研究表明，在 1.5%～2.7%范围内，其对电磁波的介入衰减效果不明显（5～6 dB），并且反射效果也不明显（12～18 dB），但是，如果在纤维板的上下表面各覆盖一层或两层碳纤维布、铝箔、铜箔、不同网目的铜网、铁网或不锈钢网等材料，电磁波的介入衰减值可以达到 70 dB 以上，反射衰减值几乎为零，也就是 100%反射（黄耀富和林正容，2000）。林晓涵以碳纤维木质复合材料为主要研究对象，通过实验的参数测量分别对其导电性和电磁屏蔽效能进行分析预测，并结合有限元仿真技术对其建立可视化参数模型，利用基于模型化的有限元仿真技术在 ANSYS16.0 环境下对碳纤维木质复合样板的电磁学性能进行研究，分别对制得的十种复合样板建立三维代表单元模型和二维代表单元模型，并借助实验所测得表征电磁学性能参数的数据对其性能进行仿真，分别从导电性和电磁屏蔽性能两方面得到了电位分布云图、磁通密度云图和电磁屏蔽效能分析图，直观地分析出不同外界因素对复合材料电磁学性能的影响规律（林晓涵，2017）。惠彬等以水曲柳单板为基材，利用 $NaBH_4$ 处理后直接化学镀 Ni-Cu-P 三元合金制备木质电磁屏蔽复合材料，研究了 $NaBH_4$ 浓度、浸渍时间和施镀时间对金属沉积量和表面电阻率的影响。分析了复合材料的表面形貌和组织结构，用低电阻测定仪和频谱仪测定了复合材料的表面电阻率和电磁屏蔽效能，用直拉法测定了镀层附着强度，结果表明，镀层均匀、连续和致密，镀后木材单板具有显著的金属光泽，镀层为微晶结构，且镀层与木材结合牢固；在频率为 9 kHz～1.5 GHz 范围内，施镀单板的电磁屏蔽效能在 55～60 dB 范围内（惠彬等，2014）。王立娟等以桦木单板为基材，利用 $NaBH_4$ 处理后直接进行化学镀镍制备电磁屏蔽复合材料，研究了 $NaBH_4$ 浓度和浸渍时间、施镀时间和 NaOH 浓度对表面电阻率的影响，分别分析对比 $NaBH_4$ 前处理和胶体钯活化所得复合材料的表面形貌和组织结构，测定了电磁屏蔽效能和镀层附着强度，结果表明利用 4 g/L 的 NaOH 配制 3 g/L 的 $NaBH_4$ 溶液，前处理 5～10 min，化学镀镍 20 min，此条件下制备的复合材料的表面电阻率低于 150 $m\Omega/cm^2$，在 9 kHz～1.5 GHz 频段，电磁屏蔽效能高于 60 dB；$NaBH_4$ 前处理所得复合材料的电磁屏蔽效能高于胶体钯活化，$NaBH_4$ 前处理所得镀层厚些，且结晶状态更佳，木材和镀层之间为物理结合，强度测试显示两种方法所得镀层均与木材表面结合牢固（王立娟和李坚，2010）。

王立娟等研究了杨木单板表面化学镀镍过程中 pH 和温度变化对镀层的电磁屏蔽性能和表面导电性能的影响。用扫描电镜和能谱仪分析了镀层结构和含磷量。结果表明，pH 和温度升高，电磁屏蔽性能和表面导电性提高，但达到一定值后，电磁屏蔽性能和表面导电性又有所下降。杨木单板经表面化学镀镍后，表面完全被金属镍覆盖，金属感增强，并且镀层中磷含量较低，镀层为晶体结构（王立娟等，2004a）。王立娟等还对杨木单板表面化学镀镀前活化工艺进行了研究（王立娟等，2004b）。

朱家琪等考察了不同胶黏剂种类、不同金属材料和不同规格金属网，在不同组坯条件下压制复合板的电磁屏蔽性能，确定木单板与金属网的复合工艺，结果表明：板材的电磁屏蔽效能在 1～1000 MHz 范围内可达到 40 dB 以上（朱家琪等，2001）。

1.2.5　木质材料的干缩湿胀

20 世纪 60 年代，Harris 通过测定湿度周期变化环境中木材弦向尺寸和含水率的变化，将木材干缩湿胀的研究从平衡态引入到非平衡态领域（Harris，1961）。Stevens 在湿度周期变化环境中对欧洲榉木（*Fagus sylvatica*）从吸湿-解吸水分循环过程中测定干缩率和含水率的变化及木材的干缩湿胀特性。结果表明，当试材含水率小于 20%时，其弦、径向收缩与含水率几乎呈线性关系。Stevens 的研究同时指出，当含水率大于 20%时，对于相应的平衡含水率，试材弦、径向的尺寸吸湿时比解吸时小。当含水率大于 30%时，欧洲榉木试材发生变形，开始发生横向收缩。Stevens 的研究还表明，温度的高低不仅影响到木材干缩湿胀的大小，还与干缩湿胀和含水率关系曲线中线性范围的大小有关（Stevens，1963）。Espenas 对美国西部铁杉（*Tsuga heterophylla*）、冷杉（*Abies* spp.）和美国西部红侧柏（*Thuja plicata*）的研究表明，这些树种发生收缩时的含水率，不仅因木材的弦、径向而不同，而且还因纹理方向而异。纵向收缩主要发生在含水率小于 12%时（Espenas，1971）。Chomcharm 等对美国黄桦（*Betula alleghaniensis*）、椴木（*Tilia americana*）、黑樱桃木（*Prunus serotina*）生材气干干燥下径向收缩时的含水率进行了研究。研究表明，径向开始收缩时的含水率比弦向开始收缩时的含水率低5%～10%。由此可见，收缩并不是用来获得木材纤维饱和点大小的可靠手段（Chomcharm and Skaar，1983a）。Noack等提出用参数“膨胀率”（ratio of swelling）作为评价木材尺寸稳定性的指标，来表征含水率变化对木材膨胀行为的影响。研究显示，当含水率处在7%～20%的范围内时，木材的弦、径向膨胀率接近常数。此外，Noack等还将该参数划分为大小不同的等级，作为评价木材尺寸稳定性的指标（Noack et al.，1973）。Keylwerth测定了从绝干到纤维饱和的水分吸着过程中欧洲桦木（*Betula* spp.）的膨胀率大小。结果表明，试材的体积、弦径向膨胀、与含水率之间的关系曲线均呈S形；当含水率处于5%～25%之间时，曲线呈现线性。若换用水分膨胀系数（moisture expansion coefficient）来表示时，在该含水率区域内，体积、弦径向的水分膨胀系数为常数（Keylwerth，1964）。

关于水分吸着状态对木材干缩湿胀的影响，Meylan指出，试材的纵向尺寸同样存在“吸湿滞后”（hysteresis）现象（Meylan，1972）。Mcmillen对北方红（*Pterocarpus angolensis*）的收缩率进行了研究。研究结果表明，当温度从80℃升高到140℃时，北方红（*Pterocarpus angolensis*）的收缩率增加，这与压缩固定（compression set）的大小相关（Mcmillen，1955）。Chanhan等把吸湿滞后对木材干缩湿胀影响的效应称为“二次效应”（second order effect），并对4种印第安树种横向尺寸变化影响的水分吸着状态进行研究，指出二次效应在弦向上更为明显，且其大小受到树种的影响（Chanhan and Aggarwal，2004）。关于温度对木材干缩湿胀的影响，Espenas在进行干燥温度对美国西部铁杉（*Tsuga heterophylla*）、美国西部红柏（*Alnus rubra*）以及花旗松（*Pseudotsuga menziesii*）的弦向、径向收缩大小影响的研究中表明，温度可影响木材干缩湿胀的大小，强度是温度的函数，由于变定的大小同样受到木材抗压、抗拉强度的影响，因此随着温度的升高，3 种木材的含水率下降，横向收缩增大。在 Mcmillen 的基础上，Espenas 进一步将温度对木材干缩湿胀的影响进行了分析，并指出：由于变定的大小受到木材抗压、抗拉强度的影响，而强度又是温度的函数，因此温度可以影响木材干缩湿胀的大小（Espenas，1971）。

20 世纪 70 年代，Boyd 通过对瑞格楠木（*Eucalyptus regnan*）等 3 种木材的纤维形态与其干缩湿胀之间关系的深入研究，发现在影响木材纵向和体积收缩的诸多因素中，微纤丝角是影响木材纵向和体积收缩的主要因素（Boyd，1977）。Harris 也考察了微纤丝角对放射松早材、晚材、应压木纵向、弦向收缩的影响情况。研究表明：木材的纵向收缩与微纤丝角之间呈正向曲线关系，即纵向收缩随微纤丝角的增大而增大；而木材的弦向收缩与微纤丝角之间呈反向曲线关系，即弦向收缩随微纤丝角的增大而减小；在微纤丝角连续成轨迹变化时，纵向、弦向收缩两条曲线在微纤丝角等于 48°左右时相交；优化木材收缩性质的最佳微纤丝角为 15°～25°，当小于 15°时弦向收缩接近其最大值，而大于 25°时纵向收缩将随微纤丝角的增大而迅速增大（Harris，1961）。也有研究考虑了更多对微纤丝角与纵向收缩关系的影响因素，例如，Meylan 也对微纤丝角与放射松纵向收缩之间的关系进行了研究，其在研究过程中同时还充分考虑了不同含水率的影响后果，其研究结果不仅同样发现了微纤丝角与纵向收缩之间的非线性关系，更进一步得到了试材处于不同含水率数值情况下的纵向收缩与微纤丝角之间的关系曲线（Meylan，1972）。

在木材干缩湿胀各向异性的机理研究方面，Skaar 将木材干缩湿胀各向异性的机理分为三类。基于木材宏观结构的第一类机理是基于木材的宏观结构而提出的，主要解释了木材弦向、径向干缩湿胀的差异表现、差异因素及结果。木射线抑制理论（ray restraint theory）和早、晚材相互作用理论（earlywood-latewood interaction theory）是第一类机理研究中最具有代表性的两种理论（Skaar，1988）。木射线抑制理论最早由 Mcintosh 提出，他通过对红栎木（*Quercus rubra*）和美国山毛榉（*Fagus grandifola*）的研究，测量了含有不同体积分数射线组织（V_r）的两种木材的径向收缩大小（S_r）数据，并提出了 V_r、S_r之间的理论方程，其研究结果表明，木材的径向收缩与射线细胞含量的增减呈反向关系，即木材的径向收缩随射线细胞含量的增加而降低，这种反向影响表明木射线抑制至少是导致木材横向干缩湿胀各向异性的原因之一（Mcintosh，1955）。但是根据 Boyd 对日本柳杉（*Cryptomeria japonica*）射线薄壁细胞壁层结构的研究，可以发现尽管木射线抑制会导致木材横向干缩湿胀各向异性，但其并不是造成木材横向干缩湿胀各向异性的最主要因素（Boyd，1974）。早、晚材相互作用理论则是由 Pentoney 提出，通过测量花旗松分离及未分离早、晚材弦径向收缩大小，其测量数值显示：晚材在分离及未与早材分离的情况下，其弦向收缩基本不变；而早材则由于受到晚材的影响，在弦向上被迫收缩到与晚材相同大小的程度，这也验证了早、晚材相互作用理论的有效性（Pentoney，1953）。Browne 则对花旗松和南方黄松（*Pinus* spp.）分离及未分离早、晚材弦径向膨胀大小的测量数值进行了比较（Browne，1957）。Quirk 应用光学技术测量了经抽提的花旗松早、晚材细胞面积、周长、弦径向尺寸的收缩大小的数量。二者的研究结果都支持早、晚材相互作用机理（Quirk，1984）。

在非平衡状态下木材的干缩湿胀研究方面，由于木制品的含水率、尺寸会随着木材的实际使用环境变化而不断发生改变，难以保持恒定状态，为了区别于平衡状态下木材的干缩湿胀行为，Stevens 用参量“移动”（movement）来表述经过干燥的木材在大气湿度变化时所发生的尺寸变化。他指出：“移动”比生材干燥时所产生的尺寸变化小得多。在此基础上，Chomcharn 等进行了湿度周期变化环境中木材的干缩湿胀研究。首先他们设定温度为 25℃、相对湿度为 77%，在此条件下使美国椴木、黄桦、樱桃木生材达到气干平衡，然后将它们放在 25℃、相对湿度 47%～77%之间正弦变化的环境中经历若干循环，循环周期分别为 5.33 h、10.67 h、16.0 h 和 25.33 h（1∶2∶3∶5），最后使试材在相对湿度 47%下达到平衡状态（Stevens，1963）。Chomcharn 等分别对湿度循环前后两个平衡态及湿度循环过程中试材的含水率、弦径向尺寸变化进行数据测量，最终研究结果表明：①试材的含水率与弦径向尺寸呈现正弦变化趋势，但相对于相对湿度的变化，三者的变化要明显滞后；②随着循环周期的增长，较长的周期时间为试材对环境湿度的响应提供了足够的时间，使试材的变化可以相对跟随相对湿度变化的结果，而使试材的含水率和弦径向尺寸相位滞后的趋势有所下降而振幅有所增加；③随着循环次数及周期的增加，试材的含水率与弦径向尺寸相位滞后和振幅下降并逐渐接近稳定状态，并且获得该稳定状态所需要的循环数目短、周期较长、周期多，但二者所消耗的时间大致相同。此外，在研究中，Chomcharn 等的研究表明，在实际使用环境中，即大气相对湿度循环变化条件下，木材的含水率、尺寸改变远小于平衡状态下所预测的结果（Chomcharn and Skaar，1983b）。因此，由于木材尺寸的移动特定以及使用环境温湿条件的不确定性，单纯使用平衡状态下的实验数据对使用环境中木制品的干缩湿胀行为及尺寸稳定性质进行预测并不合适。Ma 等同样进行了类似的研究，将杉木（*Cunninghamia lanceolata*）试材在 25℃、相对湿度 45%条件下达到平衡状态，然后放置于 25℃、相对湿度在 45%～75%之间线性周期变化的动态环境中，分别在 1 h、2 h 和 3.5 h 3 个周期条件下经历 4 个循环，通过对该周期变化过程中试材含水率和弦、径向尺寸的变化情况的测定，发现最终的结果与 Chomcharn 和 Skaar 的研究一致，同时在此基础上，Ma 等进一步指出，试材径向的干缩湿胀要落后于弦向的干缩湿胀，试材的弦向干缩湿胀约为其径向的2倍，对于这一实验现象，Stevens、Chomcharn 等在实验过程中也观察到类似现象，而 Chomcharn 等则认为这与射线组织比纵向组织干燥得慢有关（Ma et al.，2010a；2010b）。

龚仁梅等探索了落叶松木材干缩率、干缩比等性状随温度变化的规律（龚仁梅等，2000）。王淑娟等对5种种源的白桦木材干缩性进行了研究，以便更好地选育纵向干缩率小、差异干缩小、尺寸稳定性好的优良树种（王淑娟等，2001）。

王喜明证实预冻处理过程中所产生的气泡和融冰过程是减少皱缩的主要原因，水分蒸发张力是引起木材皱缩的主作用力。其认为木材的干缩率不仅与木材的纹理方向有关,而且与试件的尺寸有关；在相同条件下，试件的尺寸越大，木材的干缩率越小；木材的干缩在其平均含水率高于纤维饱和点时就已开始（王喜明，2003）。徐有明等指出选用晚材率大、密度高的优良种源或无性系造林，可降低火炬松木材纵向干缩率和差异干缩（徐有明等，2001）。随后，徐曼琼等也对火炬松做了类似研究（徐曼琼等，2001）。戴芳天发现速生红松幼龄材的径向、弦向、体积干缩系数和差异干缩均大于成熟材（戴芳天，2003）。

吴智慧研究实木板、胶合板、细木工板、硬质纤维板、中密度纤维板、刨花板等木质板材，以及装饰板、装饰纸、单板、薄木、涂料等装饰材料的干缩湿胀系数和木质板材装饰的可能性及装饰后的吸湿性，并分析胀缩性和吸湿性对表面胶贴和涂布装饰质量的影响（吴智慧，1994）。

1.2.6 木质材料的蠕变

蠕变是指在固体材料保持应力不变，即保持一定的温度和较小的恒定外力作用下，材料的变形随时间的延长而逐渐增加的现象，其包括普弹形变、高弹形变、黏性流动，相对于金属、塑料、岩石等固体材料，木材在一定条件下更容易表现出蠕变的性质。一般而言，材料的应力越大，蠕变的总时间越短；应力越小，蠕变的总时间越长。同时，蠕变与温度、湿度高低均有关系，温度升高、外力加大，蠕变速率增大。蠕变是黏弹性材料最典型的表现形式之一，聚合物则是典型的黏弹性材料，因而，作为木材单板和化学镀铜单板复合而成的化学镀杨木多层复合材料同样具有蠕变性。造成化学镀多层复合材料蠕变性的原因主要是木材的黏弹性，化学镀杨木多层复合材料的蠕变性能好坏将直接影响化学镀杨木多层复合材料在装饰用材领域的应用。

木质材料的蠕变性能受温度影响较为明显，尤其是对于温度敏感的复合材，Sain 等分别研究了 PVC、PP 和 PE 基等几种木纤维（WF）塑料复合材的蠕变性能，发现木/PVC 复合材料即使是温度比室温稍高也会显著增加蠕变；PP 蠕变对温度敏感，不适合承载，尤其是在室温以上的温度，但添加 30%的热磨浆纤维（TMP）可以显著减小蠕变变形，且对瞬时蠕变的作用大于过渡蠕变的作用；PE 塑料容易发生蠕变破坏，在 20 h 的测试时间里 40℃时的相对蠕变比 23℃时的相对蠕变增加了约 200%，木粉填充的 PE 即使在较高温度下其蠕变性能也能得到明显的改善，瞬时蠕变的变形约为 PE 塑料的 1/6。因此，通过对比几种基质的木塑复合材料可以发现，PE/WF 的抗蠕变能力最差，PVC/WF 抗蠕变能力最强，而 PP/WF 的抗蠕变性能只能在一定范围内通过提高木/塑界面反应得到改善（Sain et al., 2000）。

Bledzki 等通过将木纤维与聚丙烯复合得到的聚丙烯木塑复合材料用增容剂 MAH-PP（为木纤维含量的 5%）处理后，在不同温度下研究其蠕变变形。结果表明：该木塑复合材料室温条件下实验 180 min 后，其蠕变模量约为 5000 MPa，在 60℃蠕变实验 180 min 后，其蠕变模量约为 1800 MPa，比室温条件下低 65%左右，Bledzki 等得出结论即高温能降低基体的蠕变模量，增加材料的蠕变变形；

在经过 MAH-PP 处理后，由于增加了木纤维与聚丙烯之间的界面相容性，显著地提高了该复合材料的抗蠕变性（Bledzki and Farukh，2003）。

Najafi 等将 40%的木粉与高密度聚乙烯熔融共混制备木塑复合材料，研究了不同载荷下纯聚乙烯与再生聚乙烯木塑复合材料的蠕变行为。结果同样表明，在最大载荷的 40%以下，纯聚乙烯复合材料具有较大的蠕变变形，再生聚乙烯的加入能够降低其蠕变变形；在更高载荷下，复合材料的蠕变变形具有明显的非线性关系；随着纯聚乙烯及加载载荷的增加，蠕变变形趋向于更高水平（Najafi et al.，2008）。Chia 等利用诺顿-贝利数学模型，研究了甲基丙烯酸甲酯木塑复合材料在 250 N、300 N 和 350 N 的恒定载荷下及 γ 射线处理后材料的蠕变性，通过一种非线性回归来描述其蠕变行为，发现随着加载载荷的增加，材料蠕变变形呈增加的趋势；但通过 γ 射线处理后材料的抗蠕变性得到了明显的提高（Chia et al.，1987）。Najafi 等发现放置在不同地域的海水中的木塑复合材料，由于其吸水率的不同而弯曲强度的变化大小也不同。他们研究发现，高盐度的海水有较高含量的金属离子，金属离子能够沉积在木纤维上，填充木塑复合材料，使放在高盐度水中的木塑复合材料更易吸水，且弯曲强度、尺寸稳定性下降更多。而在同样盐度的海水中，高木粉含量（70%）的木塑复合材料比低木粉含量的木塑复合材料吸水率高，弯曲强度低，易变性（Najafi et al.，2008）。

关于木塑复合材料抗蠕变性的研究方面，由于木塑复合材料的界面在温度和湿度变化较大的环境条件下会遭到破坏，而造成木塑复合材料的蠕变变形。反之，可以通过改变原料和配方，在木塑复合材料中加入增强筋，添加马来酸酐接枝的聚烯烃、异氰酸酯聚合物、硅烷以及过氧化物等增容剂或交联剂提高木质材料与聚合物间的界面结合力等方法，从而提高木塑复合材料的力学性能，改善抗蠕变性差的缺陷。例如，由于稻糠粉表面含有一种非极性的二氧化硅膜表层结构，可以加强木粉与聚氯乙烯基体间的相容性，且二氧化硅是刚性材料，提高了木塑复合材的刚性与耐高温性。Pulngern等经研究发现高碳钢（HCS）具有高强度、轻质等特性，他们在木粉与聚氯乙烯（1∶1）复合得到的聚氯乙烯木塑复合材料（WPVC）表面引入HCS,研究其弯曲和蠕变。在WPVC的面或边黏附0.5 mm厚的HCS后，最终载荷分别增加了64%和101%，蠕变降低到原来的48%和11%；实验证明通过HCS进行蠕变移植和转移能够显著地提高木塑复合材料的抗蠕变性，其认为HCS是WPVC最佳的增强材料（Pulngern et al.，2011）。Teoh等通过实验证明浸入甲基丙烯酸甲酯（MMA）中并在γ射线辐照下聚合的聚合物与木材细胞壁的相互作用提高了该材料的抗蠕变破裂性。通过3因素非线性力学模型进行模拟发现,该模型能很好地模拟随着MMA浸入量的增加,木塑复合材料黏弹性的变化和该材料破坏的最大应力载荷。当浸入量超过一定水平后,增加聚合物的量对该材料抗蠕变性的影响不大。在聚合物浸入量为30%时，该材料可获得与聚乙烯之间的界面相容性。通过研究发现，交联后木塑复合材料的弯曲模量没有显著的区别，冲击模量显著提高（至少2倍），同时降低了短期载荷下的蠕变形变。通过扫描电镜观察到交联后聚乙烯与木纤维两者之间具有良好的界面结合。实验证实，交联复合材料是一种增强长期载荷下材料的抗蠕变性和力学性能的良好方法（Teoh，1987）。邵笑等为研究不同木质类纤维/PVC复合材料的蠕变和热稳定性能,分别以桉木粉（EU）、杨木粉（PO）、松木粉（PI）和竹粉（BA）四种木质纤维为填料，聚氯乙烯（PVC）为基体，采用挤出成型法制备木塑复合材料，分析其官能团变化，表面微观形貌和热稳定性，并测试了复合材料的力学性能和蠕变性能，结果表明，桉木/PVC复合材料具有较好的抗蠕变性，较优的力学性能，其拉伸强度为比杨木/PVC、松木/PVC、竹/PVC复合材料高，冲击强度和弯曲强度也相应提高；松木/PVC复合材料具有较好的热稳定性（邵笑等，2019）。

周臻徽以竹集成材和重组竹两种应用较广泛的竹质工程材料为研究对象，首先对其进行了抗弯和抗压的物理力学性能试验，测试了其在不同荷载条件下的短期弯曲蠕变，通过拟合建立了蠕变本构模型，获取相应的容许应力值，并由蠕变曲线导出松弛曲线，对重组竹和竹集成材进行了抗弯和抗压力学性能试验，结果表明，重组竹的抗弯和抗压力学性能要优于竹集成材，重组竹抗弯破坏表现为脆性破坏，竹集成材则表现出一定的延性特性，竹材的力学性能与其本身材料性能和胶合面的力学性能有关，两种竹质工程材料的普通蠕变变形分为三个阶段，弹性变形、黏弹性变形和黏性变形，不同荷载作用下两种竹材的蠕变曲线规律相似，蠕变总量随着荷载的增大而增加，竹集成材的蠕变容许应力值为最大破坏荷载的14.67%，重组竹的蠕变容许应力值为最大破坏荷载的18.93%；通过引入参数x，对Burgers流变模型进行改良得到的5因素流变模型，能够很好地解决Burgers流变模型在蠕变第二阶段蠕变曲线过于线性的问题，且改良模型的拟合曲线与试验曲线相关系数能达到0.999以上，大部分情况下比Burgers流变模型更精确；讨论了蠕变与松弛的等价关系，根据这个等价原理，可由测得的蠕变试验曲线推导其应力松弛曲线（周臻徽，2017）。李建军以速生杨树木材为研究对象，探讨了微波处理对杨树木材常规力学性能的影响，测试了杨树木材在不同微波处理条件、不同荷载水平下的蠕变曲线，并以流变学理论为指导，利用Burgers流变模型对实验曲线进行了拟合，结果表明杨树木材在不同微波处理条件和不同荷载下的蠕变曲线遵循相似的规律，都可以观测到减速蠕变阶段和稳态蠕变阶段，但未出现蠕变第三阶段（加速蠕变阶段）。荷载的改变会对各组蠕变的改变量造成较大的差异；荷载增大时，杨树木材瞬时弹性变形和总蠕变量也会增大，微波处理强度和处理时长对杨木蠕变性能均有不同程度的影响；利用Origin软件对各组在不同荷载水平下的实验曲线进行拟合，说明Burgers流变模型在短期内可以很好地描述杨树木材的蠕变行为；但在预测长期蠕变的过程中发现 Burgers 流变模型数学表达式在后期变得过于线性，与实际不符（李建军，2017）。

周吓星等对放置在阳光环境中的塑木地板进行了材色和蠕变性能的研究，结果表明：放置四个月后，材料的弯曲强度分别降低了 10%和 15%；蠕变试验中，25%应力水平后，材料的剩余强度分别降低了 17.7%和 21.9%；50%应力水平后，材料的剩余强度分别降低了 28.6%和 30%。而相同加载方式下，常温时材料的剩余强度仅降低了 0.6%和 6.5%。阳光环境对材料的蠕变性能有一定的影响（周吓星等，2009）。

1.2.7 木质材料的应力松弛特性

赵广杰为了使国内木材科学界对木材的化学流变学的基础理论及其研究概况有一个比较全面的了解，归纳了有关木材化学应力松弛、化学蠕变等化学流变学的研究现状（赵广杰，2001）。应力松弛测定法可分为连续应力松弛法和不连续应力松弛法（也称间歇应力松弛法）。不连续应力松弛法最早由 Tobolsky 提出。Tobolsky 等提出的不连续应力松弛测定法（Tobolsky et al., 1944; Mooney et al., 1944; Andrews et al., 1946），不但分离了分子切断反应和氢键结合型架桥反应，而且能对架桥反应进行定量。Tobolsky 方法是基于这样的前提条件：①试件在一定伸长状态时发生的应力松弛是由分子链切断引起的。②试件中发生的架桥反应对试件保持一定伸长状态下的连续应力松弛无影响。③架桥反应和分子链切断反应的发生与试件是否处于伸长状态无关。④在某一平衡状态下发生的架桥反应是该状态下发生形变时新的应力源。

Tobolsky 不连续应力松弛测定方法是：未伸长试件放置在一定的温度环境中 t_1 时间后，以一定的伸长比拉伸，测定此时应力并迅速将其恢复原长。此时测定的应力是时间 t_1 内发生的切断反应和架桥反应共同的结果。再经时间 t_2 后，还以同样伸长比拉伸试件，瞬间测定应力并释放，此次测定的是 t_1+t_2 这段时间内产生的切断反应和架桥反应的结果。根据 Tobolsky 方法的前提条件，用此方法测得的应力松弛曲线减去连续应力松弛曲线，就可以定量新生的架桥数。

在 Tobolsky 方法中，必须用两个时间分别求出连续应力松弛曲线和不连续应力松弛曲线，两个试件实际上不可能完全一样，这样必定给实验造成误差，另外，其只能测定在无应变状态下的架桥量。为了克服两方面的缺点和不足，Ore 提出了不连续应力松弛改良法（ITMM 法），此法实现了一根试件测定，且能在伸张状态（即连续应力松弛状态）下定量测定架桥反应。特点是伸长比 a 不宜太大，而且 da 要非常小。这对应变式的应力松弛测定装置及实验操作上造成了相当大的困难（Ore，1959）。因此，祖父江宽等（1964a，1964b）根据试件的二重伸张性，通过不同方式考察出不连续应力松弛曲线的推导法（SMCIR 法），既解决了实验上的操作困难，又能在一定伸长比下不同时测定连续应力松弛曲线和不连续应力松弛曲线，然后在同一伸长比下求出架桥生成量。

則元京等测定了日本扁柏在不同湿度下的弯曲应力松弛。结果表明，在短时间内弹性模量会随着湿度的增加而减小，但在整个测定时间范围内，时间-温度叠加原理不成立，仅在有限的微小区间内近似成立（則元京和山田正，1965）。更进一步指出，木材比重与弹性模量不影响松弛量，仅仅具有相关性（森泉周他，1971）。山田正通过实验解析木材黏弹性变化与构造的关系，认为木材主要由细胞壁构成，其黏弹性本质上就是细胞壁的黏弹性（山田正，1965；1971）。浦上弘幸等讨论了在木材吸湿过程中发生的弯曲、扭转应力松弛的变化轨迹，从而得出在吸湿过程中，扭转应力松弛曲线呈单调递减趋势，而弯曲应力松弛曲线则表现出初期应力松弛比较显著、后期弹性模量略有增加的趋势的结论（浦上弘幸和福山萬治郎，1969）。大熊幹章等通过实验得出，拉伸状态下的应力松弛不如压缩状态时显著（大熊幹章和森田直樹，1971）。

藤田容史等用 Maxwell 模型，在 Eyring-Tobolsky（Tobolsky et al.，1944）黏弹性理论基础上推导出：若相对应力与时间的对数 lg$t$ 之间呈明显直线关系，则可判断为物理应力松弛，而偏离直线的部分为化学应力松弛（藤田容史和奥泉了，2010）。青木務等在研究酸加水分解过程中的木材化学应力松弛时，利用 X 射线衍射法来求处理材的结晶度，利用红外吸收光谱对半纤维素的切断举动进行推导。另外，通过等同条件下苎麻纤维的应力松弛曲线，对比推导纤维中糖苷键的切断反应，从而间接地考察出应力松弛曲线上对应的物理应力松弛和化学应力松弛。青木務等发现木材在硫酸中浸渍时应力松弛比曲线中会产生五个松弛过程：非晶区内纤维素；半纤维素的链段运动引起的物理松弛；非晶区内由于糖苷键切断引起的化学松弛；由木质素的分子运动引起的物理松弛；结晶区内因糖苷键的切断引起的化学松弛（青木務和山田正，1978a；1978b）。王洁瑛等的研究结果推断，利用氧气、温度或处理时间的变化，具有间接分离化学应力松弛的可能性，因为实验过程中氧气的存在促进木材变定的热处理固定，当温度在 180℃以上时，木材会发生热降解反应，如果加热过程中伴有氧气的存在，木材同时产生氧化降解，会加速木材的热降解并改变一些反应产物（王洁瑛和赵广杰，1999）。佐藤秀次等利用经 SO_2-DEA（二乙胺）-DMSO（二甲基亚砜）、N_2O_4-DMSO 等纤维素溶剂，以及 SO_2-DMSO、DMSO 等木质素溶剂处理过的木材，在施加一定应变状态下进行了水置换、干燥和吸水过程的应力松弛测定，研究表明，纤维素、木质素溶剂处理材的弹性模量较低，用水置换处理液时，木材出现急剧的应力松弛现象，干燥后应力减小到平衡值，再度浸入水中，则与水置换后的平衡松弛应力几乎一致（佐藤秀次他，1975）。Musafumi 等利用甲醛化来实现压缩木材的永久固定，证明了甲醛化木材细胞壁主成分分子之间架桥的存在。其研究发现，柳杉压缩木材用甲醛和 SO_2 气体在120℃下加热处理 2 h，或在 135℃下加热处理 20 min，压缩木材的变定在沸水中完全固定，但当浸在硫酸水溶液中时，由于硫酸切断了已形成的架桥而产生回弹（Musafumi et al.，1994）。杉山真樹等也进行了这方面的研究，通过对木材甲醛化处理，使分子间形成架桥，改善木材的黏弹性（杉山真樹和則元京，1996）。Dwianto 等也研究了木材在不同回复率 RS 下的应力松弛表现，其测定了柳杉材 120～200℃高温水蒸气环境中压缩并汽蒸处理过程中的应力松弛，并得出了在 0～60 min 范围内回复率 RS 与残余应力的关系曲线，指出回复率 RS 在 0.93～0.60 之间时，是由于半纤维素的降解导致的应力松弛；回复率 RS 在 0.6～0.2 之间时，归因于木材细胞壁中微纤丝排列趋于更规则化或者是木材分子之间形成了架桥；回复率 RS 在 0.2 以下时，则不仅是半纤维素，木质素也产生了降解（Dwianto et al.，1999a）。刘妍等介绍了基于悬臂梁弯曲原理的薄板木质材料应力松弛特性的检测方法，由应力松弛试验可得到如下结论，四种被测板材均可得到明显的应力松弛曲线，并与测量原理中的曲线变化趋势相符；测试时间越长，得到的应力松弛曲线越平缓；应力值的衰减幅度先快后慢，当测试时间达到 2 h 时即可得到较为理想的应力松弛结果（刘妍等，2013）。廖娜等利用 INSTRON 3367 材料试验机和自制压缩筒组件进行了玉米秸秆闭式压缩应力松弛试验，并测定了北京、辽宁、山东、湖北、陕西和重庆等地 13 个不同品种的成熟期玉米秸秆纤维素、半纤维素和木质素质量分数，以拟合应力松弛曲线得到的应力松弛时间、平衡弹性模量等作为应力松弛特性考核指标，采用灰色关联法分析玉米秸秆的应力松弛特性与木质纤维组成的相关性，研究表明，不同品种的玉米秸秆纤维素、半纤维素和木质素质量分数差异均显著（$P < 0.05$），应力松弛时间和平衡弹性模量主要与木质素质量分数相关，半纤维素质量分

数主要与应力松弛时间相关，而三参数与纤维素质量分数相关度均较低，从微观角度来看，其关联度主要取决于各成分在细胞壁中的位置和功能（廖娜等，2011）。

1.2.8 存在的科学问题

综上所述，木材单板化学镀以及多层木质复合材的研究虽然取得了一定的进展，但对化学镀单板以及多层木质复合材的电磁波传播基础、热传导过程、水分非平衡状态干缩湿胀行为、蠕变与松弛、界面特性等方面还有必要开展以下几个值得研究的科学问题。

（1）化学镀单板及其多层复合材料的电磁波传导过程、趋肤效应以及热传导过程。

（2）化学镀单板及其多层复合材料的表面元素形态、光谱特征。

（3）不同温度、湿度周期变动条件下，化学镀单板及其多层复合材料的干缩湿胀行为。

（4）不同温度、湿度周期变动条件下，化学镀单板及其多层木质复合材料的蠕变特性。

（5）不同温度与湿度环境中，不同接合尺寸化学镀单板多层复合材料的应力松弛与界面特性。

1.3 目的与意义、主要研究内容、本书结构及技术路线

1.3.1 目的与意义

作为地热地板基材的镀铜杨木单板多层复合材，必须评价在实

际使用环境中其表面装饰性，在周期变化的温度、湿度条件下镀铜杨木单板多层复合材的干缩湿涨，在人的长期荷载作用下的蠕变行为，镀铜单板的界面性质等方面的内容。因此，积累了这方面的基础理论与数据后，才能更好地把握镀铜杨木单板及其多层复合材的制备和应用途径。

该研究成果可广泛地应用于地板、木门、家具、装饰和结构材料方面，在一定程度上克服木材使用性能的局限性，提高人工林木材的附加值，使其变成具有特殊功能和用途的新型木质复合材料，对进一步综合利用、拓宽人工林木材使用范围也具有十分重要的理论意义和实际应用价值。

1.3.2 主要研究内容

1. 化学镀单板的表面特性与晶体结构

采用静态液滴法、XRD、XPS 以及近红外光谱等检测手段对不同施镀时间的化学镀铜杨木单板进行检测，弄清不同施镀时间下镀铜单板的表面润湿性、晶体结构、元素构成以及其光谱特征，为制备复合材提供参考数据。

2. 化学镀单板及其多层复合材料的导电导热性

在对素单板、不同时间镀铜单板的基本性能研究的基础上，对其导电导热性能和电磁屏蔽性能进行了比较分析，并对不同电磁屏蔽频率下化学镀复合材料的趋肤深度进行了比较分析。

3. 化学镀单板及其多层复合材料的干缩湿胀性

环境设定为：温度 35℃，相对湿度表分别为 30%、50%、70%、90%四种环境；温度 45℃，相对湿度表分别为 30%、50%、70%、

90%四种环境；温度 55℃，相对湿度表分别为 30%、50%、70%、90%四种环境。在这 12 种环境条件下，研究了三种结构复合材在温度不变、湿度变动条件下的干缩湿胀行为，对复合材的优质基材选择、生产电热型复合材具有重要的实际应用价值。

4. 化学镀单板及其多层复合材料的蠕变性

研究了复合材在不同温度及含水率变化条件下的机械吸湿蠕变行为。此研究结果对复合材长期承载能力的分析、判别和设计以及为复合材的制造和质量控制提供了参考数据。

5. 化学镀单板及其多层复合材料的应力松弛

分析了化学镀铜后复合材在接合尺寸变化、温度变化及湿度变化下的静态应力松弛特性。比较分析了三种结构基材在接合尺寸、温度及湿度等不同状态条件下的应力松弛的性能。填补了化学镀铜处理后，复合材力学性能测试的一个空白，同时也给以后的研究及应用提供了一个参考。

1.3.3　本书结构

本书共 7 章。

第 1 章为绪论，主要阐述了复合材的发展前景及趋势，以及研究的目的和意义。

第 2 章为化学镀铜杨木单板的表面特性与晶体结构，主要通过表面润湿性、XRD、XPS 以及近红外光谱等手段检测不同施镀时间的化学镀铜杨木单板的各项性能，为制备复合材提供参考数据。

第 3 章为化学镀铜杨木单板及其多层复合材料的电热传导性，讨论了不同施镀时间镀铜单板的电磁屏蔽性、导电性以及复合材的导电导热性，并用趋肤效应、吸收损耗与反射损耗等理论对其进行深入的分析辩证。

第 4 章对复合材的干缩湿胀性进行了检测，分别对三种结构的试材在温度设定为 35℃，相对湿度表分别为 30%、50%、70%、90%四种环境；温度 45℃，相对湿度表分别为 30%、50%、70%、90%四种环境；温度 55℃，相对湿度表分别为 30%、50%、70%、90%四种环境的 12 种环境条件下的干缩湿胀行为进行了探讨。

第 5 章对复合材的蠕变性进行了研究，分析了三种结构试件在温度设定在 35℃，相对湿度表分别为 30%、50%、70%、90%四种环境；温度 45℃，相对湿度表分别为 30%、50%、70%、90%四种环境；温度 55℃，相对湿度表分别为 30%、50%、70%、90%四种环境的 12 种环境条件下的蠕变性能。

第 6 章对复合材的应力松弛进行了分析，分别分析了在接合尺寸变化、温度变化及湿度变化下复合材的静态应力松弛特性，比较分析了三种结构基材在接合尺寸、温度及湿度等不同状态条件下的应力松弛的性能。

第 7 章为本书的结束语。

1.3.4　技术路线

将毛白杨单板表面通过 80 目砂纸打磨光滑，常温下放入配制好的镀液中，对单板进行化学镀铜。对镀铜完毕后的镀铜单板进行结构和性能分析，主要通过表面润湿性、表面化学、晶体结构及光谱特征对镀铜单板进行结构分析，通过电热传导及电磁屏蔽对镀铜单板进行性能分析。优化出最佳镀铜单板，将优化后的镀铜单板进行多层复合制成复合材料，再对其进行电传导、热传导、干缩湿胀、蠕变及应力松弛性能分析。技术研究路线如图 1.1 所示。

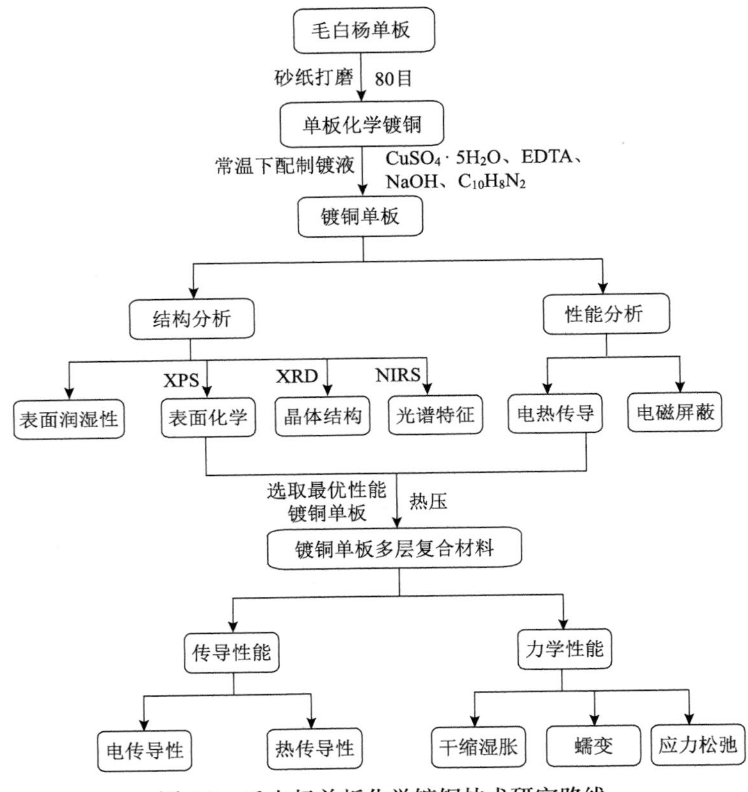

图 1.1　毛白杨单板化学镀铜技术研究路线

第 2 章　化学镀铜杨木单板的表面特性与晶体结构

2.1　引　　言

为了赋予单板以导电导热性能，对其表面进行化学镀铜是行之有效的方法。在过去的几十年中，许多学者曾经对木材单板表面化学镀铜进行了施镀方法与工艺参数的研究(長澤長八郎和梅原博行，1992；1990；長澤長八郎和熊谷八百三，1992；1990；長澤長八郎等，1991；Nagasawa et al.，1999）。Nagasawa 等对木材颗粒进行了化学镀镍，并分析了镀后木材颗粒的表面电阻率、体积电阻率与电磁屏蔽效能的关系。研究表明，通过增加金属化木材颗粒的数量和应用压力可有效提高木材颗粒的电磁屏蔽效能，木材颗粒的电磁屏蔽效能大于 30 dB（Nagasawa et al.，1999）。品川俊一等对木粉中添加金属粉末和经过化学镀的导电纤维制成板材进行了研究，在添加不同含量的化学镀导电纤维和金属粉末后，所制成的板材电磁波的屏蔽效能随着导电纤维和金属粉末添加量的增加而增大，添加经过化学镀的导电纤维的木粉比添加金属粉末的木粉电磁屏蔽效果更好。在添加金属铝纤维为 8%、14%和 19%时，所制成的板材电磁波的屏蔽效能可以达到 20 dB、40 dB 和 50 dB 左右，而对于经过化学镀的导电纤维制成板材在添加量为 7.3%和 9.0%时，所制成的板材电磁波的屏蔽效能就可以达到 20 dB 和 50 dB 左右(品川俊一他，1989）。

近几年来，国内许多学者也通过 EDS、XRD 及 SEM 等检测方法对不同工艺参数条件下镀后木材单板的镀铜层性质进行了相关探讨。周杲等研究出非电解镀铜液及施镀工艺，并对其镀层做一系列的分析研究，以判定镀铜层的物理性质及其在木材表面的分布情况（周杲和赵广杰，2005）。商俊博对镀铜单板的表面电磁屏蔽性，不同时间镀铜单板表面的色差以及镀铜成本进行了一系列的分析（商俊博，2009）。Wang 等通过 XRD、XPS、SEM 等检测手段对镀后单板的相关特性进行了研究，并对镀后单板的电磁屏蔽性及导电性进行了分析（Wang et al.，2006）。通过这些相关研究可以看出木材单板的镀覆工艺渐趋成熟，不仅有效地改善了镀液的稳定性，还降低了镀铜层色差，同时还使镀铜层表面具有较好的耐磨性与导电导热性。

非电解镀铜过程是作为还原剂的甲醛将处于同一溶液中的 Cu^{2+}还原析出金属的过程，从反应结果来看，总反应是两个半反应组成的氧化还原电池反应，每个电极反应和对应的电极电位为：

还原反应：

$$Cu^{2+} + 2e^{-} \longrightarrow Cu \qquad E^{\ominus}(Cu^{2+}/Cu)=0.33\ V \tag{2.1}$$

氧化反应：

（1）在中性或酸性介质中，

$$HCHO + H_2O = HCOOH + 2H^{+} + 2e^{-} \tag{2.2}$$

$$E^{\ominus}=-0.056-0.06pH$$

（2）在 pH>11 的介质中，

$$2HCHO + 4OH^{-} = 2HCOO^{-} + H_2 + 2H_2O + 2e^{-} \tag{2.3}$$

$$E^{\ominus}=-0.32-0.12pH$$

可见，甲醛必须在碱性介质中才具有还原作用，其总反应式如式（2.4）所示（Lukes，1964）：

$$Cu^{2+} + 2HCHO + 4OH^{-} \longrightarrow Cu\downarrow + 2HCOO^{-} + 2H_2O + H_2\uparrow \quad (2.4)$$

在实际体系中，为了提高镀液的稳定性和镀层的质量，在镀液中还要加入络合剂等，如 EDTA。在镀铜液中，大部分 EDTA 二钠盐已经电离成 EDTA 酸根离子，镀液中的络合剂 EDTA 二钠盐主要以负四价酸根离子的形式存在。随着 EDTA 二钠盐浓度的增加，铜络离子的含量也越来越高，当其超过 10～17 mol/L 时就有 98%以上的铜离子以络合状态存在，而游离铜离子（实际为水合铜离子）的含量还不足 2%。由此可见，在非电解镀铜溶液中的 EDTA 二钠盐对抑制操作中产生的氢氧化铜沉淀是相当有效的(张道礼等,2000)。

张琦等为了改善氧化铝颗粒在铝合金中的润湿性，提高 Al_2O_3/Al 复合材料的力学性能，预制了氧化铝粉体，并对氧化铝粉体进行化学镀 Cu 改性试验，制备了 Al_2O_3/Al 复合材料，研究了 Al_2O_3/Al 复合材料的微观组织及性能。结果表明，改性后的 α-Al_2O_3 颗粒的平均粒径由原来的 16.55 μm 增加到 36.61 μm，化学镀铜可有效改善复合材料的结合界面，但是复合材料的硬度波动较大(张琦等，2019）。

李景奎等以樟子松单板为研究对象，采用磁控溅射的方法在木材单板表面制备铜薄膜，分析镀铜木材单板润湿性能，结果表明，当溅射时间为 150 s 时，接触角接近 90°；随着磁控溅射镀铜时间增加，木材单板的接触角逐渐增大，亲水性逐渐降低，木材单板表面润湿性也实现了由亲水性向疏水性的转变（李景奎等，2019）。薛鹏皓等为了增强微米级 SiC 陶瓷颗粒与金属基体的结合力，采用化学镀铜法对 SiC 颗粒表面进行了改性处理，使 SiC 颗粒在金属基体液中分散更均匀、镀覆更好，通过正交试验法优化了化学镀铜工艺的主要参数，研究了其主要工艺条件对化学镀铜的影响，讨论了镀液中配位剂、pH、还原剂等对铜镀层的影响，结果表明，随着镀液中配位剂、还原剂含量的增加，单位时间内微米级 SiC 颗粒表面镀铜层的质量先增加后降低，pH 的升高显著降低了镀铜的诱导时间；可实现微米级 SiC 颗粒表面化学镀铜层的均匀镀覆，且结合良好（薛鹏皓等，2017）。

Wu 等研究了边界润湿性对矩形壳体内紊流自然对流换热的影响，采用溶胶-凝胶法建立了外壳底铜板的两个水接触角，分别为10°和 162°，未进行表面修饰的铜板（平面）的接触角约为 95°，提出了一种幂律相关算法来拟合实验结果，结果表明，超疏水表面的努塞特数和普通表面的努塞特数差别不大（Wu et al., 2013）。孟灵灵等用直流磁控溅射法，在涤纶织物表面沉积纳米铜薄膜，研究氧、氩等离子体处理前后涤纶基材表面沉积铜膜的形貌、导电性能和润湿性能的变化，以扫描电子显微镜（SEM）和原子力显微镜（AFM）观察低温等离子体处理前后纤维表面的粗糙度和纳米铜颗粒大小变化，并对表面沉积纳米铜织物导电性能、润湿性能进行测试，结果表明，氧等离子体处理对涤纶基材表面的影响较氩等离子体明显，其可使纳米铜颗粒分布均匀致密，显著增加纤维表面的粗糙度和纳米铜颗粒大小，处理后，液滴在样品表面接触角变小，镀铜织物亲水性能得到明显改善（孟灵灵等，2012）。

李维亚等以硫脲为添加剂、硫酸铜为主盐、次亚磷酸钠为还原剂，在聚甲基丙烯酸甲酯（PMMA）基材表面进行化学镀铜，研究了添加不同质量浓度（0.10 mg/L、0.25 mg/L、0.50 mg/L、0.75 mg/L和 1.00 mg/L）的硫脲对铜沉积速率、镀层导电性和结合力以及化学镀铜中氧化还原反应的影响，并通过 SEM、EDS 和 XRD 等方法分别对镀层微观形貌、组成成分、晶体结构进行了表征，结果表明，硫脲的加入主要影响铜（111）晶面的生长，能有效提高镀层与基体之间的结合力，但对镀层成分无太大影响。随着硫脲加入量的增大，铜沉积速率和镀层导电性先减后增，而镀铜速率主要由阴极还原过程控制，适宜的硫脲添加量为 0.50～0.75 mg/L，此时铜沉积速率相对较低，所得镀层晶粒尺寸较小（李维亚等，2014）。

雷俊玲等采用含钯的催化浆料活化法，实现了陶瓷表面的局部化学镀铜，SEM 观察结果表明均匀分散的钯纳米颗粒起到了催化铜沉积的作用，镀铜层光滑平整、颗粒大小均匀，XPS 和 XRD 测试结果表明镀层是具有晶态结构的纯铜镀层（雷俊玲等，2013）。

朱焱等通过研究在镀液中添加十六烷基三甲基溴化铵（CTAB）、十二烷基硫酸钠（SDS）和吐温-80 三种表面活性剂对化学镀铜沉积速率和镀液稳定性的影响，确定出三种添加剂的最优添加浓度，通过 SEM、EDS 和 XRD 分析，对镀层表面形貌、组成成分以及晶体结构分别进行研究，并通过线性伏安扫描法，研究了添加不同表面活性剂镀液的电化学行为，结果表明，表面活性剂可以提高化学镀铜的沉积速率和镀液稳定性；CTAB、SDS 和吐温-80 的最优添加浓度分别为 1 mg/L、20 mg/L 和 5 mg/L。加入 SDS 后，由于沉积速率过大，镀层颗粒变大。加入 CTAB 和吐温-80 可以细化镀层的颗粒并使其更加致密。添加不同的表面活性剂后，镀层的晶粒尺寸没有太大改变，含铜量均为 100%，且镀层的晶粒呈现面心立方晶体结构，表面活性剂主要通过影响甲醛的氧化反应影响化学镀铜过程（朱焱等，2012）。

甘雪萍研究了亚铁氰化钾对化学镀铜沉积速度、镀层成分、电阻率、微观结构、表面形貌和化学镀铜过程中氧化还原反应的影响，发现添加亚铁氰化钾可以显著降低沉积速度，使镀层变得均匀致密，颜色也从棕黑色变为亮铜色，电阻率明显降低，添加亚铁氰化钾还可使镀层 P 含量略微降低，改善镀层微观结构，晶粒尺寸增大，镀层由（111）晶面择优取向变为（220）晶面择优取向。亚铁氰化钾主要通过吸附作用抑制在镀层表面发生的次亚磷酸钠氧化反应而降低化学镀铜沉积速度。亚铁氰化钾还可明显降低化学镀铜过程中 $NaH_2PO_2/CuSO_4$ 消耗摩尔比（甘雪萍，2009）。

李多生等为了改善 SiCp 与 Al 基体之间的界面，在碱性条件下，甲醛作为还原剂，采用化学镀的方法在 SiCp 表面沉积铜层，然后采用无压渗透方法制备 SiCp/Al 复合材料，采用 X 射线衍射仪、3D 立体视频显微镜、扫描电子显微镜来分析化学镀后 SiCp 和复合材料的表面、界面形貌、组织结构及物相，并通过 EDS 对复合材料表面元素进行成分分析，利用激光闪光法测定复合材料导热系数，结果表明，相比酒石酸钾钠单一络合剂，采用酒石酸钾钠和 EDTA-2Na 组成的双络合剂的 SiCp 镀层更致密，且镀层未被氧化，复合材料界面结合良好，界面厚度为 2.5～3 μm，有 $AlCu_2$ 相生成，无 Al_4C_3 脆性相存在，室温下，镀铜后的复合材料热导率达到 181 W/(m·K)，远高于没有表面改性的复合材料的热导率 102 W/(m·K)（李多生等，2015）。

在非电解镀铜时，基材表面会产生大量的气泡，严重影响镀液与基材表面的接触，影响木材的浸润性，妨碍表面铜层的形成，降低表面镀层的连续性和厚度的均匀性。这些气泡基本上都是在非电解镀铜反应时生成的。有关此过程中氢气的析出有不同的理论解释，主要有原子氢理论、氢化物理论、金属氢氧化物机理和纯电化学机理。

贝尔实验室对非电解镀铜层中氢气泡的形成机制进行过长期研究，将氢气泡分为三类：第一类为细小的圆形气泡；第二类为晶隙氢原子结合而形成的多面形的小气泡；第三类为晶粒边界上的大氢气泡。众所周知，氢气由两个氢原子组成，氢原子来源于甲醛分子中 C—H 链的裂解。氢原子和氢气分子在表面是可迁移的，随时可能聚集成氢气泡。如果氢气泡变得过大，将脱附进入镀液。表面显露的木材表面的沟槽或孔，成为择优容纳氢气泡的地点。在非电解镀铜沉积生长时，表面上的氢气泡处于聚集和脱附的动态过程，通常大气泡在显露的基体表面上保持时间较长，在这样的动态过程中，这些大小气泡可能被裹挟入镀层之中，直接影响到镀层的物理性质。

以下研究是对前人开发的化学镀铜优化配方进行了改良，以复合材的单元——化学镀铜杨木单板为对象，测定了化学镀铜杨木单板的表面润湿性、晶体结构、表面化学结构及近红外光谱，研究了施镀单板的表面性能及晶体结构的变化，旨在为进一步开展电热式化学镀铜地热地板的制备及其他性能方面的研究，提供技术参数等基础资料。

2.2　材料与方法

2.2.1　材料

旋切直纹理毛白杨（*Populus tomentosa* Carr.）单板，产自河北，幅面为 200 mm × 200 mm，含水率 13%，单板厚度 1 mm。

2.2.2　镀液

化学试剂均为分析纯，用蒸馏水配制化学镀液，配比见表 2.1。杨木单板化学镀铜工艺流程如图 2.1 所示。

表 2.1　化学镀铜溶液配比

成分	质量浓度/（g/L）
五水合硫酸铜	15
乙二胺四乙酸二钠	40
聚乙二醇 6000	0.03
吡啶	0.02

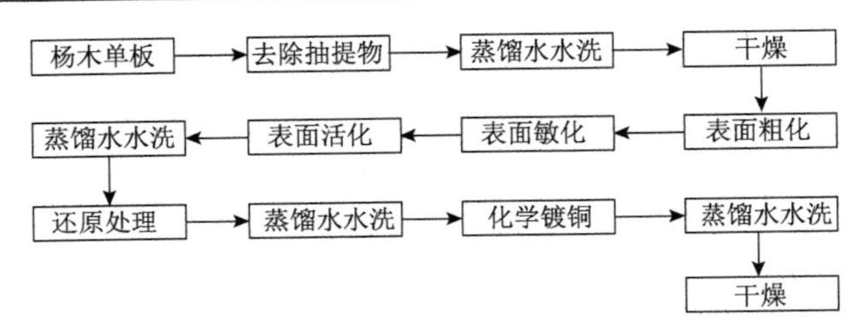

图 2.1　杨木单板化学镀铜工艺流程图

2.2.3　方法

杨木单板化学镀铜的主要工艺流程处理时间为：蒸馏水水洗 1～2 min→敏化液中浸泡 1～2 min→蒸馏水水洗 30 s→活化液中浸泡 1～2 min→蒸馏水水洗 1 min。

1. 单板冷热水抽提物的去除

选取加工成上述尺寸的杨木单板，用 800 目砂纸打磨试材表面（以表面光滑为准）去除其单板表面的毛边和毛刺，将要进行化学镀铜的单板首先放在 70～80℃热水中进行水煮，水煮时间为 10 min，水煮时要对单板进行适当的翻动，以保证单板水煮的效果。单板在热水中进行水煮的主要目的是：

（1）去除沉积在单板表面上的灰尘和一些杂质；

（2）去除沉积在木材中的冷热水抽提物，保证单板具有清洁的表面。将洗净的单板用清水冲洗后放入干燥箱中干燥至绝干状态，称量每张杨木单板的绝干质量。

2. 表面处理

由于木材是非金属材料，对铜的化学还原不具有催化性，因此，必须经过合适的前处理工艺，以保证化学镀铜的实施以及镀层与木材基体的紧密结合。木材表面的处理对其敏化和活化效果有着很大的影响，硅烷偶联剂具有改善木材表面活性的作用，在研究中选用的表面处理剂为 KH-550 硅烷偶联剂。先将硅烷偶联剂制成浓度为 1%的乙醇溶液，然后对有清洁表面的木材单板试件在浓度 1%的 3-氨丙基三乙氧基硅烷溶液中浸渍 5 min，对木材单板表面进行表面处理，增加木材单板表面的亲水性，取出试件在空气中晾干，待木材单板表面的溶剂挥发后放入干燥箱中，在 105℃±2℃温度下干燥 2 h，木材表面可以形成一层有机薄膜。

3. 敏化和活化处理

经过表面处理的木材单板，表面具备比较强的亲水能力，敏化就是在单板表面吸附一层容易还原的物质，以便活化处理时通过还原反应，使木材表面具备化学镀铜的催化活性。活化处理就是使单板表面形成具有催化活性的表面层。一般情况下敏化活化要分步完成。敏化处理：将经过表面处理的木材单板试件，浸入亚锡盐（$SnCl_2 \cdot 2H_2O$）的酸性溶液中，表面处理后的木材单板表面具有一定的活性，在亚锡盐的酸性溶液中亚锡盐水解生成氢氧化亚锡或氧化亚锡沉积物，被均匀地吸附在处理过的木材单板的表面，此沉积物作为还原剂在活化处理时，把活化剂（$PdCl_2 \cdot 2H_2O$）中的金属离子还原成金属。活化处理：将敏化过的木材单板经清水洗净后，浸入活化溶液中，亚锡离子把活化剂中的金属离子还原成金属粒子，该粒子可作为化学镀时的催化剂。

4. 还原处理

为了除尽单板表面上的过量的活化剂（Pd^{2+}），防止它们带入到化学镀溶液中去，在化学镀前必须先将其还原，否则会导致化学镀镀液的提前分解或失效。将敏化和活化后的木材单板放入浓度为 2.5%的次亚磷酸钠溶液中浸渍，对木材表面的金属钯离子进行还原，以便在化学镀铜时更好地吸附铜离子。

5. 木材化学镀铜

对经过敏化活化和还原处理的杨木单板进行化学镀铜，选用硫酸铜作为金属盐，EDTA 作为络合剂可以在维护镀液稳定性的同时提高镀层的质量，其污水处理比较容易，沉积速率快；还原剂选用甲醛，其价格便宜，还原效果好，具有便利性和有效性。方法为：常温下配制镀铜液，加热镀液温度至 55℃，加入甲醛，充分搅拌；将试材浸入镀液中，用压缩空气搅拌镀液。随时测定 pH，并用氢氧化钠水溶液调整镀液的 pH，使其处于稳定的范围之内，施镀时间设置为 0 min、15 min、20 min、25 min 和 30 min（以下分别用 o、a、b、c、d 代替）。

6. 镀后处理

为了将多余的镀液洗掉，试材取出后用 60℃的蒸馏水清洗 3 min，常温下干燥皿内干燥。根据镀铜前后试件的绝干质量以及铜层密度等指标，计算出施镀时间为 a、b、c、d 时，铜层的厚度分别为 3.982 μm、4.449 μm、5.164 μm、5.506 μm。

2.2.4　实验装置

（1）电热恒温水浴锅（DZK-WC 型，北京市永光明医疗仪器有限公司）；

（2）超声波清洗仪（KQ-50DB 数控超声波清洗器，昆山超声仪器有限公司）：超声工作频率为 40 kHz±10%，输入超声功率为 ±50 W±30%；

（3）电热恒温水浴锅（DZK-WC 型，北京市永光明医疗仪器有限公司）；

（4）色差分析仪（DATACOLOR，DF110）；

（5）精密温控仪（WMZK-01，上海华健电热设备有限公司）；

（6）干燥箱（1010-1B，上海实验仪器总厂）；

（7）精密酸度计（pHS-2CA，上海大普仪器有限公司）；

（8）电子天平（EB-280-12，No.33895，日本）；

（9）木材化学镀实验装置（图 2.2）；

（10）X 射线衍射仪（XRD-6000 型，日本 SHIMADZU 生产），如图 2.3 所示。

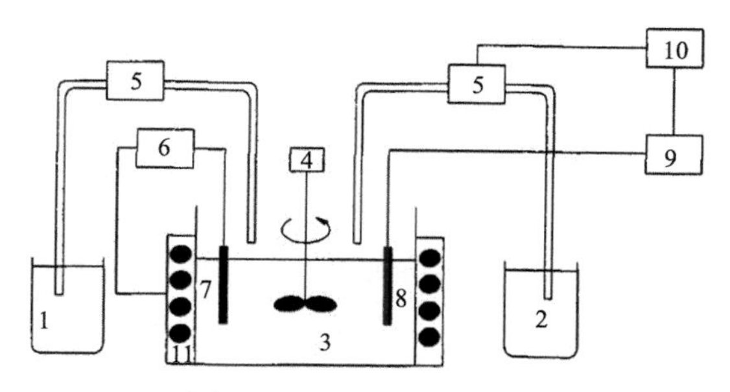

图 2.2　化学镀装置示意图

1. 化学镀液；2. 氢氧化钠溶液；3. 浴液；4. 电机；5. 泵；6. 温度控制仪；7. 温度传感器；8. 酸度计电极；9. 酸度计；10. pH 控制装置；11. 加热器

图 2.3　X 射线衍射仪

2.2.5　性能测试

1. 表面润湿性

从 400 mm × 400 mm 素单板及镀后单板试材中截取 5 mm（*L*）× 15 mm（*T*）尺寸试材。其中，*L* 为平行于纤维方向，*T* 为弦向。测试前试材放置于 20℃、相对湿度 65%的环境中，含水率为 10%±2%。用静态液滴法测定了蒸馏水在未处理材和不同时间处理条件下镀铜木材的弦切面上所形成的接触角。对于实验中未处理木材及镀铜木材表面接触角的测定，分别将被测液以 4 μL/滴的速度滴在木材表面上，每个试件进行 8 次测量，其平均值作为最终的结果。每次测量之间的时间间隔为 0.001 s（其数值前 10 s 取整数，后 30 s 每 5 s 取一次），液滴刚接触到试材表面时的接触角定义为初始接触角，其数值可以通过将接触角-时间曲线延长至 $t=0$ 的位置得到。接触角测定装置是由德国 Dataphysics 公司生产的 OCA20 视频光学接触角测量仪。

2. 晶体结构

从 400 mm × 400 mm 素单板及镀后单板试材中截取直径为 20 mm 的圆形试材进行测试。用 X 射线衍射仪（日本岛津 XRD-6000 型）测定了未处理单板、镀铜杨木单板各 3 块的 X 射线衍射谱。测试前试材放置于 20℃、相对湿度 65%的环境中，含水率为 10%±2%。条件为连续记谱扫描，选用 Cu 的 K_α 辐射靶（λ=0.154 nm），辐射管电压 40 kV，辐射管电流 30 mA，扫描范围 2θ =5°～75°，步长 0.2°，扫描速度 1°/min。木材纤维素结晶度由 Segal（Segal et al.，1959；李坚，2003）的公式算出：

$$\mathrm{CrI}=100\times[(I_{002}-I_{am})/I_{002}] \tag{2.5}$$

式中：I_{002} 为结晶部分的衍射强度顶峰值（在 2θ =22.5°的位置）；

I_{am} 为非结晶部分的衍射强度（在 2θ =18.7°的位置）。

3. 表面化学结构

利用 Thermo Scientific ESCALAB 250Xi 型 X 射线光电子能谱仪测试样品的表面元素和官能团的种类、含量等。X 射线为激发源（1486.6 eV），单色器 Al K_{α} 双阳极 Al/Mg K_{α}，功率约为 420 W，扫描范围为 0～1350 eV。采用 XPSPEAK 软件对 XPS 谱图进行分峰处理。具体操作顺序为：首先扣除样品谱图的背景，然后添加所需要峰的基本信息（峰位、半峰宽和峰面积等），最后利用高斯-洛伦兹函数对添加的峰进行优化处理。

4. 近红外光谱

1）近红外光谱的采集

利用美国ASD公司生产的LabSpec近红外光谱仪采集样品表面的漫反射光谱，光谱仪的波长范围为 350～2500 nm，光谱的采集在装有空调温度为 20℃±2℃的恒温室内进行。采集光谱时样品表面要保持清洁、平整，将样品置于光纤探头垂直正下方 7 mm 处进行扫谱，保证光斑直径为 8 mm。每个样品采集 6 次近红外光谱，并设置每扫描 30 次全光谱后自动平均成一条光谱保存。对样品进行扫谱之前要利用商用的聚四氟乙烯制成的白色标准板进行空白校准，且空白校准每隔 4 h 重复一次。20 个样品共采集光谱 120 条。

2）光谱数据的处理和分析

利用 CAMO 公司开发的定量分析软件 Unscrambler 9.2 对光谱数据进行主成分分析（principal component analysis，PCA）。主成分分析是一种常见的多元统计分析方法，主要对光谱数据进行特征提取，突出原光谱特征间的差异，利用不同类样品在某些特定主成分上的得分不同来对不同处理条件样品进行分类。本研究中样品的近红外光谱通过完全交互验证（full cross-validation）的方法进行

PCA 分类建模。

2.3 结果与讨论

2.3.1 表面润湿性

图 2.4 为蒸馏水在未处理材及不同时间镀铜处理杨木单板试材弦切面上所形成的接触角的经时变化曲线。可以看出，未处理杨木单板的接触角比镀铜处理杨木单板试材表面的接触角大，随时间呈平稳下降的趋势。而不同镀铜处理时间的杨木单板试材之间的接触角变化不是很明显。与未处理材比较，镀铜处理杨木单板的亲水性趋于稳态的速度快。从接触角的经时变化趋势来看，除 b 外，处理材在约 10 min 后趋于恒定。不同施镀时间杨木单板试材表面形成的吸收速率和接触角进行对比如图 2.5 和图 2.6 所示。由图 2.5 可见，未处理杨木单板试材的吸收速率要远远高于镀铜处理杨木单板。不同的处理时间对吸收速率的影响也不同，a 和 d 的镀铜处理杨木单

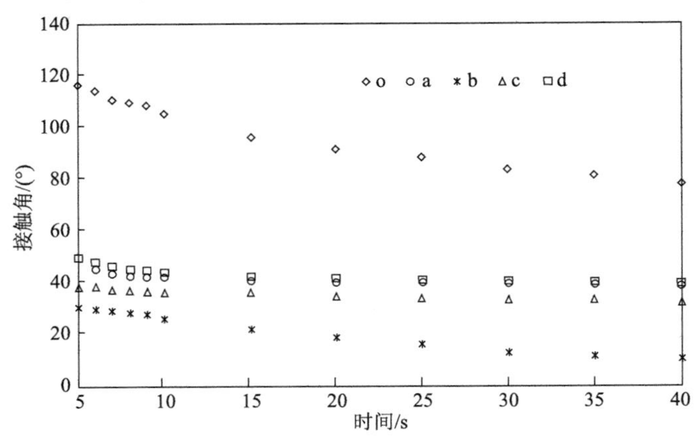

图 2.4　表面接触角的经时变化曲线

o 为素单板；a 为施镀时间 15 min 的镀铜单板；b 为施镀时间 20 min 的镀铜单板；c 为施镀时间 25 min 的镀铜单板；d 为施镀时间 30 min 的镀铜单板

板在吸收速率方面的差别不大，但其吸收速率要略低于 b 的处理材，其中 20 min 处理材的吸收速率最好。由图 2.6 可见，未处理材的初始接触角要远远大于镀铜处理杨木单板的初始接触角，说明未处理材的疏水性比镀铜处理杨木单板的强；对于镀铜处理杨木单板来说，a 和 d 的初始接触角相差不大，b 和 c 的初始接触角相差不大，但是 a 和 d 的初始接触角要比 b 和 c 的处理材大，说明 a 和 d 的镀铜处理杨木单板疏水性强，而 b 和 c 的镀铜处理杨木单板亲水性更强，其中 c 的镀铜处理杨木单板亲水性略好。

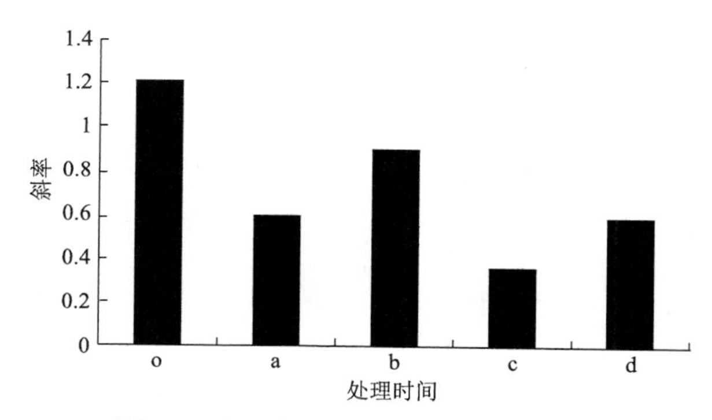

图 2.5　表面接触角的经时变化曲线斜率

o 为素单板；a 为施镀时间 15 min 的镀铜单板；b 为施镀时间 20 min 的镀铜单板；c 为施镀时间 25 min 的镀铜单板；d 为施镀时间 30 min 的镀铜单板

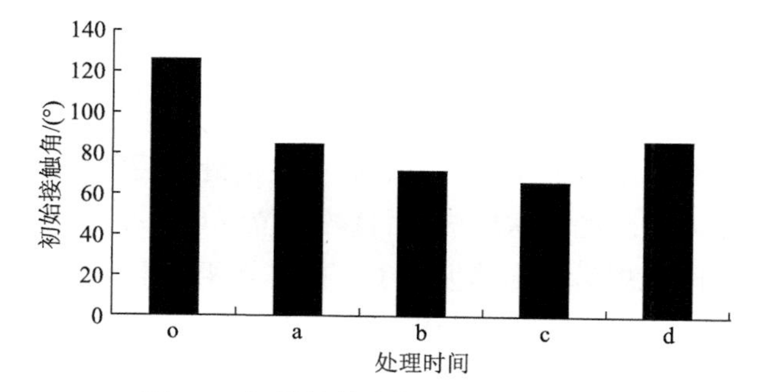

图 2.6　初始接触角与处理时间的关系

o 为素单板；a 为施镀时间 15 min 的镀铜单板；b 为施镀时间 20 min 的镀铜单板；c 为施镀时间 25 min 的镀铜单板；d 为施镀时间 30 min 的镀铜单板

2.3.2　晶体结构

图 2.7 为未处理材及不同施镀时间镀铜处理杨木单板弦切面上所形成的纤维素结晶度衍射峰变化曲线。由图 2.7 可以看出，2θ 的衍射峰在 17°、22.5°和 35°附近出现的衍射峰，分别为木材纤维素（101）、（002）和（040）结晶面的衍射峰，其中在 35°（040）结晶面的衍射峰较小，且镀铜前后木材纤维素的位置发生了一定程度的偏移。在镀铜处理后，2θ 在 43.24°、50.38°和 74.08°附近出现的晶面衍射峰分别为 Cu（111）、（200）和（220）结晶面的衍射峰，且无其他峰值，表明镀铜层的纯度较高。

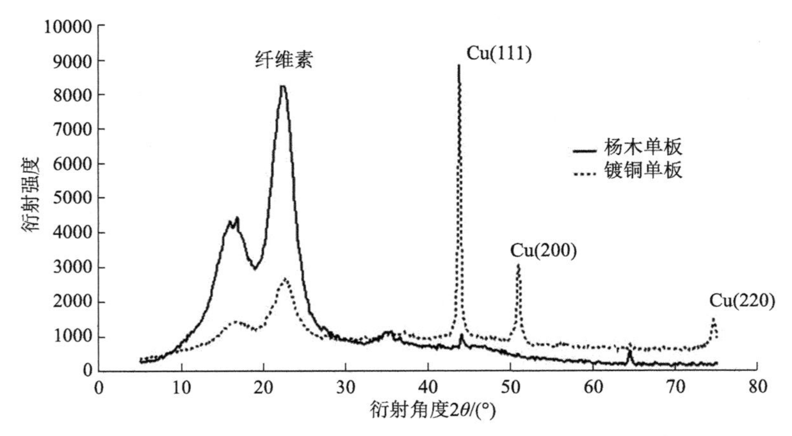

图 2.7　未处理杨木单板及不同时间镀铜处理杨木单板纤维素结晶度衍射谱

从计算结晶度数值来看（表 2.2），镀铜处理后木材的纤维素结晶度都低于未处理的杨木单板，而且峰的位置也发生了明显的偏移，不同镀铜时间处理后杨木单板的 Cu 衍射峰相差不大，说明在化学镀铜的过程中，由于加热以及氢氧化钠等一些化学物质的作用，木材纤维素的晶体形态发生了一定的变化，且被铜层覆盖。对于镀铜单板来说，不同镀铜时间处理后杨木单板之间的 Cu 衍射峰相差不大，Cu 衍射峰较窄较尖锐，表明镀铜层纯度较高，镀铜层为面心立方结构，且铜层较厚。

表 2.2　未处理杨木单板及不同时间镀铜处理杨木单板纤维素结晶度数值表

处理时间	结晶度/%	晶面参数 K	晶体衍射峰面积/（kcps · deg）	无定形峰面积/（kcps · deg）
o	0.6192	1.0000	16.9076	29.3342
a	0.5513	1.0000	12.2770	27.7883
b	0.5065	1.0000	12.8774	30.1183
c	0.5125	1.0000	11.9843	27.0275
d	0.5114	1.0000	12.6392	30.1650

注：o 为素单板；a 为施镀时间 15 min 的镀铜单板；b 为施镀时间 20 min 的镀铜单板；c 为施镀时间 25 min 的镀铜单板；d 为施镀时间 30 min 的镀铜单板。

2.3.3　表面化学结构

XPS 可以测定结合能进而分辨出元素的不同价态。图 2.8 为镀后杨木单板表面各元素的 XPS 谱图，从图中可以看出除了木材所含的 C 和 O 元素外，就是 Cu 元素，说明在实验过程中，木材的天然性能并未被改变，并且所用化学试剂 $CuSO_4 \cdot 5H_2O$ 也已基本析出还原为 Cu。由图 2.9 中 Cu 的 XPS 谱图可以看出，其中结合能在 940～950 eV 区间的是 Cu $2p_{3/2}$ 的震激峰，结合能在 950～960 eV 区间和结合能在 930～940 eV 的两个峰是自旋轨道分裂峰，结合能在 960～970 eV 是 Cu $2p_{1/2}$ 的震激峰。镀层中 Cu 元素以 Cu^{2+} 的形式存在，结合能为 932.7 eV 和 952.5 eV 的是金属 Cu，结合能在 934.7 eV 和 953.6 eV 的是 CuOH 和 Cu_2O，这主要是由于发生了下列化学反应：

$$Cu^{2+} + 2HCHO + 4OH^- \longrightarrow Cu\downarrow + 2HCOO^- + 2H_2O + H_2\uparrow \quad (2.6)$$

甲醛在化学镀铜过程中存在下列反应：

坎尼扎罗反应：

$$2HCHO + NaOH \longrightarrow HCOONa + CH_3OH \tag{2.7}$$

Cu^+生成：

$$Cu^{2+} + e^- \longrightarrow Cu^+ \tag{2.8}$$

$$Cu^+ + OH^- \longrightarrow CuOH \tag{2.9}$$

$$2CuOH \longrightarrow Cu_2O + H_2O \tag{2.10}$$

Cu^+歧化反应：

$$Cu_2O + H_2O \longrightarrow 2Cu^+ + 2OH^- \tag{2.11}$$

$$Cu_2O + H_2O \longrightarrow Cu + Cu^{2+} + 2OH^- \tag{2.12}$$

$$2Cu^+ \longrightarrow Cu + Cu^{2+} \tag{2.13}$$

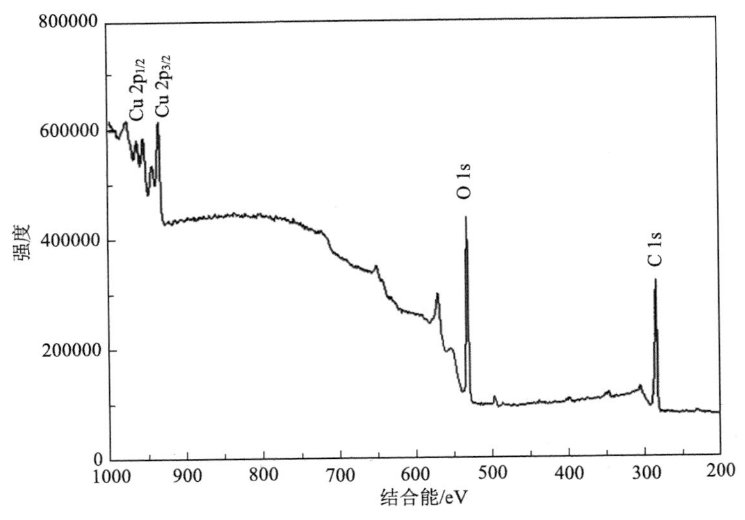

图 2.8　镀后杨木单板各元素的 XPS 谱图

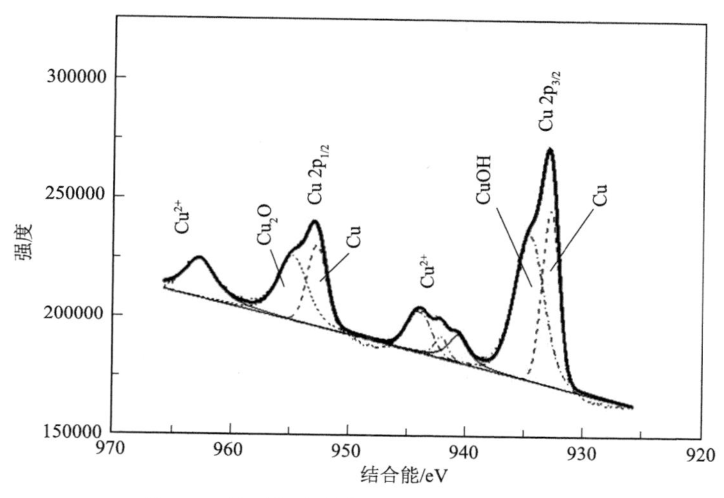

图 2.9　镀后杨木单板 Cu 元素的 XPS 谱图

从表 2.3 中可以看出随着施镀时间的增加，Cu^+的歧化反应更加完全，CuOH 与 Cu_2O 随着施镀时间的增加逐渐还原为金属 Cu，但是当施镀时间为 c 时歧化反应开始变慢，说明当施镀时间达到 25 min 后，溶液中 CuOH 与 Cu_2O 的反应渐趋完全，因此沉积到杨木单板表面的 Cu 元素增加缓慢。

表 2.3　镀后杨木单板 Cu 元素含量

物质	结合能/eV	峰面积				含量/%			
		a	b	c	d	a	b	c	d
CuOH	934.7	88690.7	211256.5	86703.9	71291.7	0.442	0.436	0.342	0.327
Cu_2O	953.6	34505.01	80554.9	40941.7	36121.3	0.172	0.162	0.161	0.160
Cu	952.5	27903.03	71692.8	46094.6	45694.2	0.139	0.144	0.182	0.203
Cu	932.7	49438.9	132249.5	79448.3	71352.8	0.246	0.266	0.313	0.317

注：a 为施镀时间 15 min 的镀铜单板；b 为施镀时间 20 min 的镀铜单板；c 为施镀时间 25 min 的镀铜单板；d 为施镀时间 30 min 的镀铜单板。

2.3.4 近红外光谱

1. 化学镀铜单板表面的近红外光谱特征

如表 2.4 所示，对镀铜前后样品的表面特征进行观察后发现未处理样品表面呈浅黄色（L^*、a^*、b^*和 ΔE^*的平均值分别为 81.16、3.17、21.91 和 29.07）且表面平整。镀铜时间为 5 min 时，样品发黑（L^*、a^*、b^*和 ΔE^*的平均值分别为 37.37、3.39、1.63 和 62.74），说明反应还不充分。镀铜时间为 25 min 时，样品表面呈深褐色（L^*、a^*、b^*和 ΔE^*的平均值分别为 52.09、20.99、18.61 和 55.52）且带有金属光泽，反应比较充分。镀铜时间为 40 min 时，样品表面（L^*、a^*、b^*和 ΔE^*的平均值分别为 52.77、21.62、18.56 和 55.16）与 25 min 基本相似，只是表面略带铜粉，反应开始过饱和。当镀铜时间为 100 min 时，样品仍为深褐色（L^*、a^*、b^*和 ΔE^*的平均值分别为 46.5、23.77、20.48 和 62.02），但变形明显，铜粉较多，说明反应过度。将镀铜前（未处理和活化处理）的样品以及镀铜后（镀铜时间为 5 min、25 min、40 min 和 100 min）的样品光谱数据平均，平均后的近红外光谱图如图 2.10 所示，由于 350 nm 处光谱的噪声干扰严重，故仅展示了 400～2500 nm 的光谱图。从图 2.10 中可以看出，镀铜前，未处理和活化处理样品的光谱均为典型的木材近红外光谱吸收图，且在 1420～1600 nm 处呈现由纤维素、木质素和水的 O—H 键的伸缩振动引起的吸收峰，在 1923 nm 附近则出现由水中的 O—H 键伸缩和变换联合振动引起的吸收峰，而在 2092 nm 附近则呈现由纤维素和木聚糖的 O—H 键和 C—H 键伸缩联合振动导致的吸收峰，整体上形状相似，只是经过处理之后吸收强度略微增强，这可能与样品表面的颜色加深以及活化处理后化学成分的细微变化有关。镀铜后，样品表面的近红外光谱在形状和吸收强度上均呈现出很大的差异，所有镀铜前呈现的吸收峰全部消失不见，在近红外光谱区

（780～2500 nm）未呈现任何吸收峰，而可见光区（400～780 nm）的 540 nm 附近呈现了小的吸收峰或肩峰。另外，不同镀铜时间的样品也呈现出了较大的差异，尤其是镀铜时间为 5 min 的样品，由于反应不充分而与其他时间的样品差别较大。

表 2.4　色差归纳表

施镀时间/min	样品数量/个	镀层厚度/mm	L^*	a^*	b^*	光泽度	样品表面状况描述	ΔE^*
0	15	0	81.16	3.17	21.91	6.22	浅黄色样品	29.07
5	5	0.44	37.37	3.39	1.63	0.87	样品发黑	62.74
10	5	0.66	56.77	18.78	18.26	2.21	样品呈深褐色，带有金属光泽，边部略黑	50.55
15	5	0.98	52.27	20.53	18.52	1.16	样品呈深褐色，带有金属光泽	55.16
20	5	1.03	52.84	21.34	81.29	1.18	样品呈深褐色，带有金属光泽	96.37
25	6	1.34	52.09	20.99	18.61	1.02	样品呈深褐色，带有金属光泽	55.52
30	6	1.7	50.87	22.81	19.81	1.06	样品呈深褐色，带有金属光泽	57.68
40	5	1.39	52.77	21.62	18.56	1.2	样品深褐色有金属光泽，表面有少量铜粉沉淀	55.16
50	5	1.6	49.9	24.67	20.13	1.17	铜粉数量增多	59.36
60	4	1.81	52.89	25.69	21.24	1.11	铜粉数量较少，少量样品开始变形	57.71
80	6	2.16	51.69	26.15	21.42	1.16	样品变形明显，铜粉数量增多	58.96
100	7	1.61	46.5	23.77	20.48	1	变形明显	62.02
120	6	1.38	46.31	21.85	19.44	0.97	变形明显，表面铜粉很多	61.14

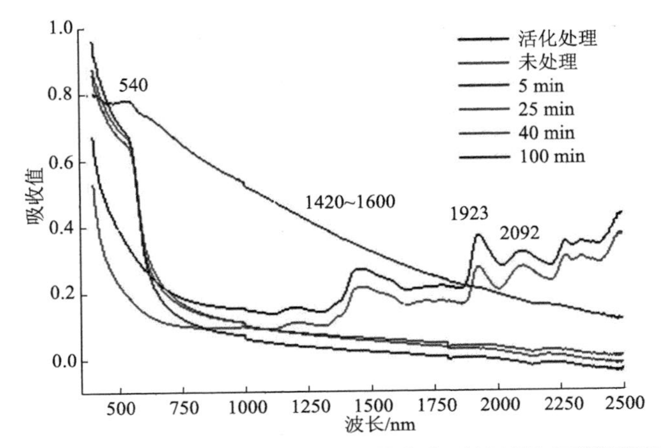

图 2.10　镀铜处理前后化学镀铜天然高分子材料的光谱特征图

2. 不同处理条件样品的光谱特征分析

将镀铜前（未处理和活化处理）的样品以及镀铜后（镀铜时间为 5 min、25 min、40 min 和 100 min）的样品的光谱数据（350～2500 nm）通过完全交互验证的方法进行主成分分析，建立了一个由 10 个主成分构成的 PCA 模型，10 个主成分的累计贡献率达到了 98%，说明建立的模型具有一定的可靠性，能有效地反映出样品数据的变化。图 2.11（a）～（c）显示了镀铜处理前后样品的 PCA 得分图。从图 2.11（a）中可以看出，所有样品大致形成了 6 个聚类，从左到右依次为镀铜时间 5 min 的样品、活化处理样品、未处理样品、镀铜时间 40 min 和镀铜时间 25 min 的样品以及镀铜时间 100 min 的样品。其中，可以清楚地看到未处理样品、活化处理的样品位置比较接近，但未发生交叉重叠现象，而镀铜时间 25 min 和镀铜时间 40 min 的样品位置也较近，并且发生了一定的交叉现象，这说明两种镀铜时间处理后的样品特征相似，虽然在 40 min 时样品表面出现少量铜粉，但采谱之前，已经对其表面进行了清洗。另外两种样品则独立分布，与其他类不存在交叉和重叠。这些现象在

图 2.11（b）和（c）中也有体现。图 2.11（b）中，沿 PC1 的得分来看，活化处理样品、未处理样品、镀铜时间 5 min 样品得分为正，其余样品得分为负，呈负相关。而沿 PC2 的得分来看，镀铜时间 5 min 的样品又与镀铜前的样品呈现负相关现象，而镀铜时间 100 min 的样品则与镀铜时间 25 min、40 min 的样品呈负相关。上述现象都说明可见光-近红外光谱中包含一些不同处理条件镀铜材料的特征信息，同时镀铜时间 25 min 和 40 min 的样品、活化处理以及未处理样品之间比较类似，光谱数据不能很清楚地将其区分开。

为了进一步比较全光谱范围内近红外光谱区（780～2500 nm）和可见光光谱区（350～780 nm）对不同处理条件镀铜材料分类的贡献能力，本书分别利用 350～780 nm 和 780～2500 nm 的光谱数据进行了 PCA 分析建模，得到的 PCA 得分图分别如图 2.12 和图 2.13 所示。通过对比图 2.12 和图 2.13 可知，在可见光光谱区，镀铜前后样品距离较近，容易混淆，而在近红外光谱区，镀铜前后样品相距甚远，处于完全独立状态，这说明近红外光谱区比可见光光谱区对镀铜处理前后样品的分类贡献较多，这与镀铜前后样品化学成分的变化有关。对于近红外光谱而言，镀铜时间 5 min 的样品独立分布，而其他三类则有交叉现象，这说明反应未完全时样品的化学成分与反应完全和反应过度时有明显区别，而反应过度的样品化学成分与反应完全样品比较相似，仅表面沉淀铜粉数量不同，引起了样品表面特征的差异。这些差异既可以从样品表面的颜色参数值中看出来，也可以从可见光光谱中体现出来。对于可见光光谱而言，镀铜之后的样品大致被分成了三类：5 min 反应未完全类；25 min 和 40 min 反应较充分类；100 min 反应过度类。与反应过程中样品表面颜色数据相一致，可见光光谱捕捉到这些颜色信息后反映在 PCA 得分图中。对于镀铜前样品来说，可见光区的活化处理和未处理样品分布均匀且位置独立，分类效果略优于近红外光谱区，这也主要

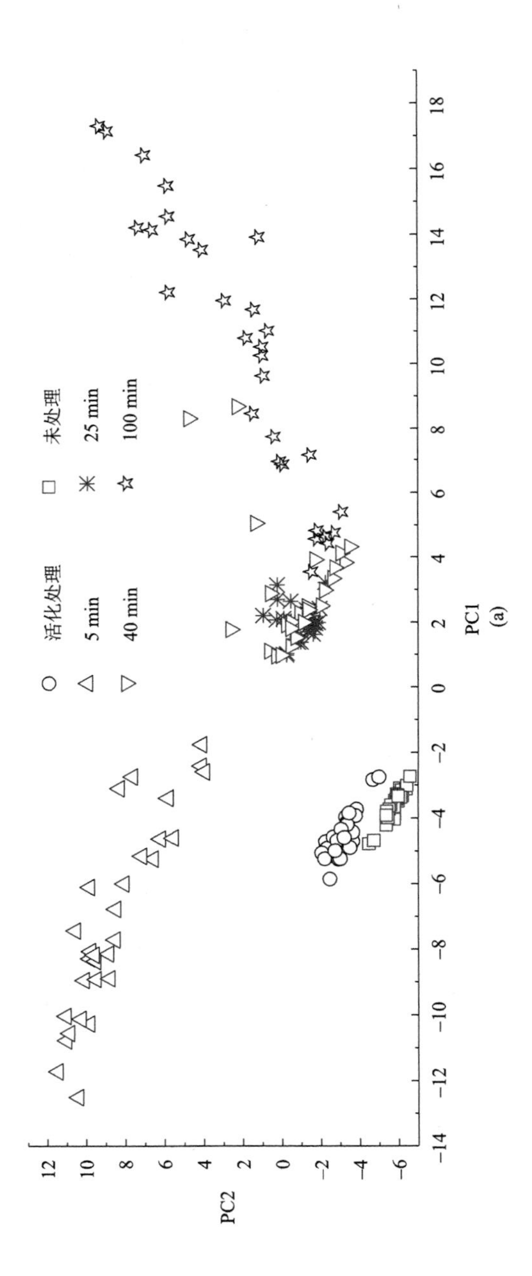

(a)

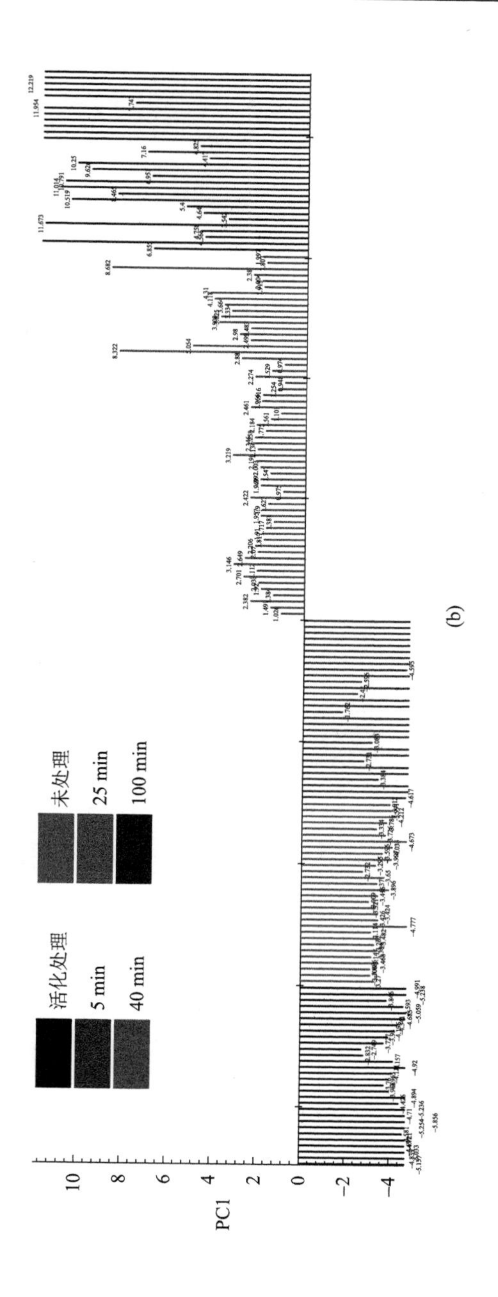

(b)

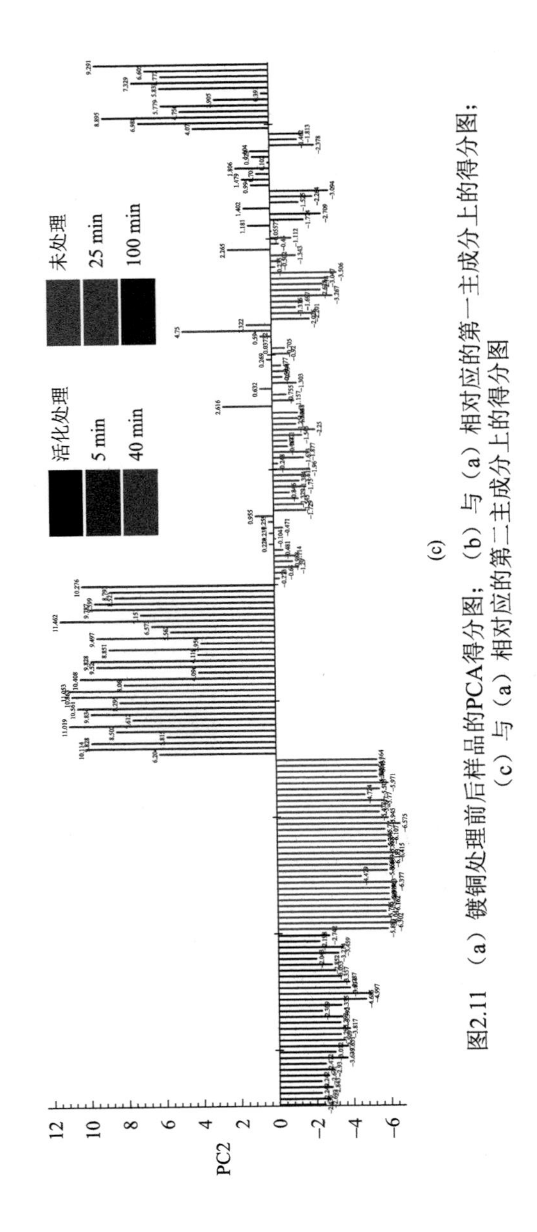

图2.11　（a）镀铜处理前后样品的PCA得分图；（b）与（a）相对应的第一主成分上的得分图；（c）与（a）相对应的第二主成分上的得分图

与前面提到的活化处理后样品表面颜色变化有关。通过可见光区域和近红外区域光谱主成分分析效果的比较可知，近红外光谱区对镀铜处理前后样品的分类效果更好，这主要与化学成分的变化有关；而可见光光谱区则对镀铜前或镀铜后样品表面颜色变化的呈现性较强；如果两者结合运用则更有利于样品表面特征信息的表征。通过对不同镀铜时间化学镀铜单板的近红外光谱分析，可以快速、无损

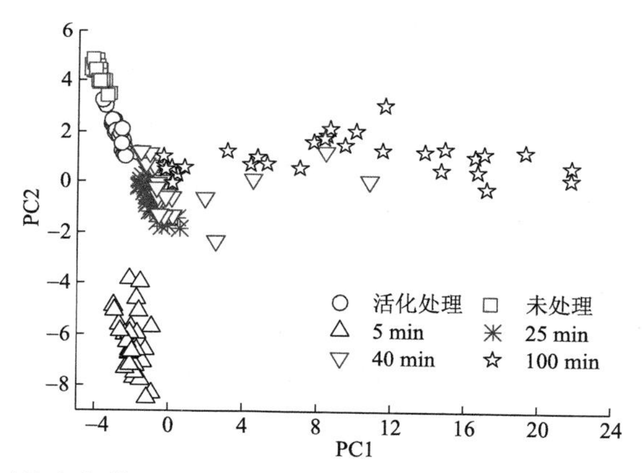

图 2.12　可见光光谱区（350～780 nm）镀铜处理前后样品的 PCA 得分图

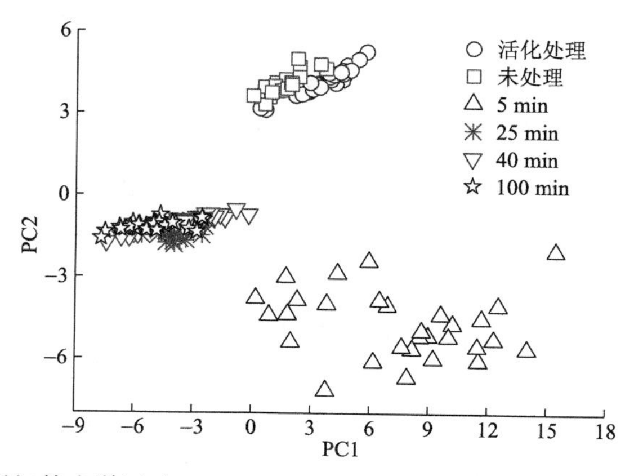

图 2.13　近红外光谱区（780～2500 nm）镀铜处理前后样品的 PCA 得分图

地辨别出不同施镀时间样品之间的差别，为化学镀铜杨木单板反应程度的控制提供新方法。

2.4 小　　结

（1）未处理杨木单板的初始接触角要远远大于镀铜处理杨木单板的初始接触角，说明未处理杨木单板的疏水性比镀铜处理杨木单板的强；对于镀铜处理杨木单板来说，a 和 d 的初始接触角相差不大，b 和 c 的初始接触角相差不大，但是 a 和 d 的初始接触角要比 b 和 c 的处理材大，说明 a 和 d 的镀铜处理杨木单板疏水性强，而 b 和 c 的镀铜处理杨木单板亲水性更强，其中 c 的镀铜处理杨木单板亲水性略好。

（2）不同镀铜时间处理后单板的 Cu 衍射峰相差不大，纤维素结晶度较未处理杨木单板都有明显降低，而且峰的位置也发生了明显的偏移，说明在化学镀铜的过程中，由于水、热以及一些化学物质的作用，纤维素的晶体形态发生了一定的变化，且被铜层覆盖。Cu 衍射峰表明镀铜层为面心立方结构，且铜层较厚。

（3）镀层中 Cu 元素以 Cu^{2+}的形式存在，随着施镀时间的增加，Cu^{+}的歧化反应更加完全，CuOH 与 Cu_2O 随着施镀时间的增加逐渐还原为金属 Cu，但是当施镀时间达到 c 后歧化反应开始变慢，说明当施镀时间达到 25 min 后，溶液中 CuOH 与 Cu_2O 的反应渐趋完全，因此沉积到木材单板表面的 Cu 元素增加缓慢。

（4）化学镀铜前后样品表面的近红外光谱在形状和吸收强度上存在显著差异，而不同镀铜时间的样品之间也存在差异，尤其是反应未充分的样品。经过主成分分析后，镀铜前后样品沿 PC1 轴、PC2 轴大致分成了 6 类，其中未处理样品、活化处理样品性质较接近，镀铜时间 25 min 和 40 min 的样品因反应充分，性质也比较类似，说明近红外光谱中包含反映材料处理前后的重要特征信息。比较近红外区域和可见光区域光谱的主成分分析效果，发现近红外光谱区比可见光光谱区对镀铜处理前后样品的分类效果好，可见光光谱在突出样品的表面颜色特征信息方面表现更好，这说明两者结合运用更有利于样品表面特征信息的表征。

第3章　化学镀铜杨木单板及其多层复合材料的电热传导性

3.1　引　　言

木材是可再生资源，但是绝干木材不具备电热传导性，采用表面镀覆的方式，赋予木材以电热传导性，将极大地节省金属资源的使用，有效地减缓金属资源日益枯竭的步伐。用木材与其他材料复合，赋予木材电热传导性及电磁屏蔽性等性能，是近年来新型多功能木质复合材料研究的方向之一。富村洋一等利用异氰酸酯和低成本的碳纤维制造中密度纤维板，碳纤维加在纤维板的芯层，随着碳纤维的加入，纤维板的电磁屏蔽效能增加（富村洋一和铃木岩雄，1987）。石原茂久用酚醛树脂（32.5%）和木炭（67.5%）的混合颗粒制造薄板，厚度 1 mm，发现当木炭的碳化温度在 800℃以上时，混合后的薄板具有良好的电磁屏蔽效能（石原茂久，2002）。

华毓坤等在脲醛树脂中分别添加导电粉以及导电液研制导电胶合板（华毓坤和傅峰，1995）。刘贤淼为了赋予木基复合材料电磁屏蔽功能，在脲醛树脂胶中加入石墨等导电单元，制备 3 层结构的杨木胶合板，研究不同导电单元对胶合板电磁屏蔽效能的影响。结果表明：导电单元的粒度越小，胶合板的电磁屏蔽效能越好，最大可达 22 dB，但相关机理和量化关系还有待深入研究（刘贤淼，2005）。

Chen 等通过脱木质素和化学镀镍，使木片具有柔韧性和导电性能。研究揭示了一种有效的策略，可以将廉价的可再生木材转变为可与昂贵的碳布和石墨烯泡沫相媲美的高附加值产品。所获得的产品尤其有希望作为柔性和可穿戴的电化学储能装置的集流器，如超级电容器和锂离子电池（Chen et al.，2019）。

Shi 等在桦木单板上进行化学镀镍，得到了一种导电耐腐蚀的木基复合材料。分析了不同 Na_2WO_4 浓度下镀液中 Ni-W-P 镀层的钨含量，研究了复合材料的晶体结构、表面形貌、电阻率、电磁屏蔽性能、表面润湿性、黏结强度和耐腐蚀性能。XRD 分析表明，获得的涂层含有纳米晶结构。SEM 图像显示，单板表面覆盖了均匀连续的涂层。桦树贴面板镀 Ni-W-P 合金表现出良好的导电性和屏蔽效能。Ni-W-P 薄膜牢固地附着在木材表面。复合材料的水接触角达到 130°左右，表明表面是疏水性的（Shi et al.，2017）。

秦静等对化学镀铜杨木单板的导电性与电磁屏蔽效能进行测试，分析镀层厚度与吸收损耗、反射损耗、趋肤效应的关系。结果表明：镀铜杨木单板屏蔽效能主要以反射损耗为主，属于反射型电磁屏蔽材料；表面电阻率随镀层厚度的增加呈减小趋势，横纹方向的表面电阻率是顺纹方向的 3 倍左右；频率越高，电磁波在镀铜层中传导时的趋肤深度越小，通过计算趋肤深度确定化学镀铜层的厚度，可以节省镀铜时间并节约成本（秦静等，2014）。

张显权等研究了不同目数的铜丝网和木材纤维压制具有电磁屏蔽效能的复合 MDF 的生产工艺。结果表明，采用异氰酸酯涂刷铜丝网，可显著改善复合 MDF 的胶合性能，其胶合强度可以达到国家标准的要求。铜丝网的层数对复合 MDF 的电磁屏蔽效能影响显著，铜丝网在 MDF 中的复合位置对电磁屏蔽效能影响较显著，在 MDF 双表面复合铜丝网，当铜丝网的目数大于 60 目时，在 9 kHz～1.5 GHz 频率范围内其电磁屏蔽效能可达到 60 dB 以上（张显权和刘一星，2004a）。

张显权等研究了不同目数的铁丝网和木纤维压制具有电磁屏蔽效能的复合中密度纤维板的生产工艺。结果表明，采用异氰酸酯涂刷铁丝网可显著改善复合中密度纤维板的胶合性能，其胶合强度可以达到国家标准的要求。铁丝网的层数对复合中密度纤维板的电磁屏蔽效能影响显著，铁丝网在复合板中的放置位置对复合板的电磁屏蔽效能影响较显著，复合中密度纤维板双表面放置铁丝网时其电磁屏蔽效能可达到 60 dB 以上（张显权和刘一星，2004b）。

宁国艳以速生林北京杨（*Populus beijingensis*）为试材，硫酸铜为金属盐，乙二胺四乙酸二钠和酒石酸钾钠为双络合剂，次亚磷酸钠为还原剂，硫酸镍为催化剂，氢氧化钠为 pH 调节剂，利用真空浸渍法和基于活立木蒸腾作用的点滴注射法将前驱体溶液导入试材内部，制备新型的金属络合物改性木材，赋予实体木材导电性能。测量不同工艺条件下金属络合物改性木材的导电性能，确定最佳工艺。结果表明利用真空浸渍法制备金属络合物改性木材实验中，木材增重率随着浸渍循环次数的增加而增大，体积电阻率随木材增重率的增大而趋于平缓，导电性能逐渐升高而后趋于平缓。随着真空浸渍温度的升高，金属络合物改性木材的体积电阻率逐渐降低，导电性能提升；随着硫酸铜浓度的增大，金属络合物改性木材的体积电阻率降低，导电性能提升，而后随着硫酸铜浓度的继续增加，体积电阻率趋于平缓；利用活立木蒸腾作用点滴注射法制备金属络合物改性木材中，随着活立木树段截取高度的上升，金属络合物改性木材的体积电阻率先降低后升高，导电性能先升高后降低；金属络合物在木材内部自催化还原成金属铜，基本元素 C 和 O 摩尔分数降低，被导入进去的金属铜和微量金属镍所替代，一部分金属粒子自成微团，一部分金属粒子与木材内部官能团如—OH、—C═O、—C—O 等发生化学结合。真空浸渍法制备的金属络合物改性木材的导电机理是：由于金属粒子在木材内部形成一层致密的金属层，金属粒子之间相互搭接，形成一个连续的网络结构。活立木蒸腾作用点滴注射法制备的金属络合物改性木材的导电机理是由于金属粒子在木材内部分散稀疏，几乎不存在网络结构。主要由隧道效应理论和场致发射理论解释（宁国艳，2019）。

王宇以杨木薄木为基材，通过多次化学镀铜的方法制备了电磁屏蔽薄木，研究了化学镀次数对薄木电学性能、电磁屏蔽性能和力学性能的影响；并以一次化学镀铜的薄木为基材，通过优化制备工艺制备了电磁屏蔽刨花板，研究了刨花板的力学性能和电磁屏蔽性能；结果表明随着化学镀次数的增加，沉积在薄木表面的铜粒子尺寸越均匀，铜层越致密，镀层的导电性逐渐提高，因此电磁屏蔽性能也逐渐提高；薄木表面化学镀铜能显著提高其力学性能，因此以镀铜薄木为原料制备的刨花板有较高的力学性能；电磁屏蔽刨花板的制备工艺对刨花板性能有非常大的影响（王宇，2017）。

已开发的木质复合材料，如短碳纤维-木质复合材料、金属箔-木质复合材料、炭黑-木质复合材料、石墨-木质复合材料等，在制备过程中均需加入其他助剂，不仅会增加制备成本，还会破坏木材天然孔隙构造，从而降低木材自身对环境的温湿度的调节功能。通过化学镀铜的方式，不仅可以最大限度地保留木材的天然性能，还能赋予木材本身良好的电热传导性及电磁屏蔽性能。

本章在对素单板、不同时间镀铜杨木单板的基本性能研究的基础上，对其导电导热性能和电磁屏蔽性能进行了比较分析，并对不同时间镀铜杨木单板复合后材料的导电导热性进行了研究。

3.2　材料与方法

3.2.1　材料

1. 化学镀铜单板

按照 GJB 8820—2015《电磁屏蔽材料屏蔽效能测量方法》规定

的试件规格制定单板试件。单板厚度 1 mm，试件结构如图 3.1 所示。

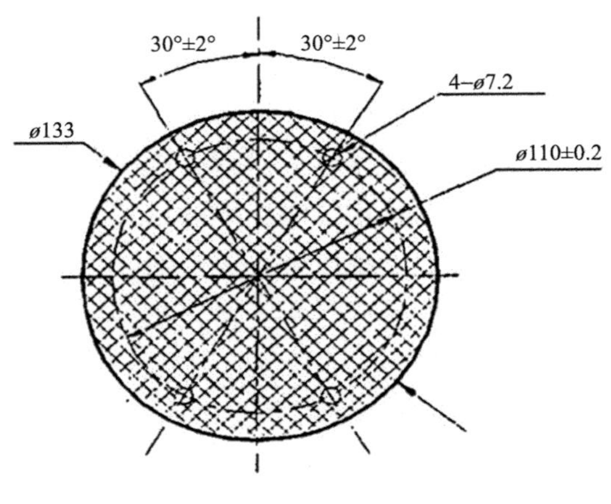

图 3.1 试件结构示意图

2. 复合材结构

复合材试材设 A、B 两种结构，另设纯杨木单板复合板为参照组 C，尺寸 200 mm（*L*）× 200 mm（*T*）× 5 mm（*R*），试件结构如图 3.2 所示。图 3.2 中 A 结构表达的是共 5 层单板复合压制一起为 5 层合板，其中奇数层为素单板（未镀铜单板），偶数层为镀铜单板；B 结构表达的是共 5 层单板复合压制一起为 5 层合板，其中两个表层为素单板（未镀铜单板），中间 3 层为镀铜单板；C 结构表达的是共 5 层单板复合压制一起为 5 层合板，其中 5 层均为素单板（未镀铜单板）。

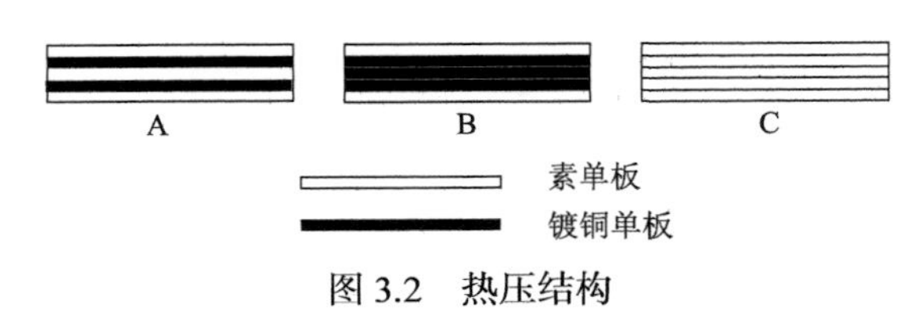

图 3.2 热压结构

3. 实验装置

（1）数字化万用表（PACKARD 3455A digital voltmeter）：测量精度不低于 0.001 Ω。

（2）频谱分析仪（EMCA analyzer HPE7401A）。

频率范围：100 kHz～1.8 GHz;

分辨率：1 mHz;

动态幅度精度：≤±1.0 dB;

产地：美国。

（3）材料远场电磁屏蔽效能测试装置（立式法兰同轴测试装置 DN15115 型）如图 3.3 所示。

频率范围：5 kHz～1.5 GHz;

动态范围：0～100 dB;

传输损耗：<1 dB;

产地：中国，东南大学。

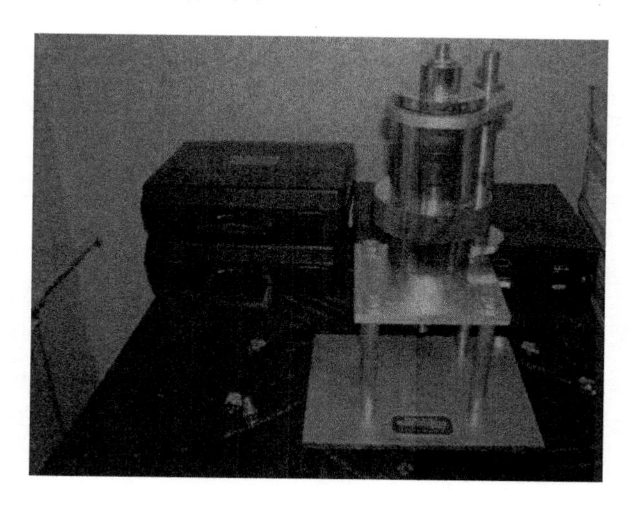

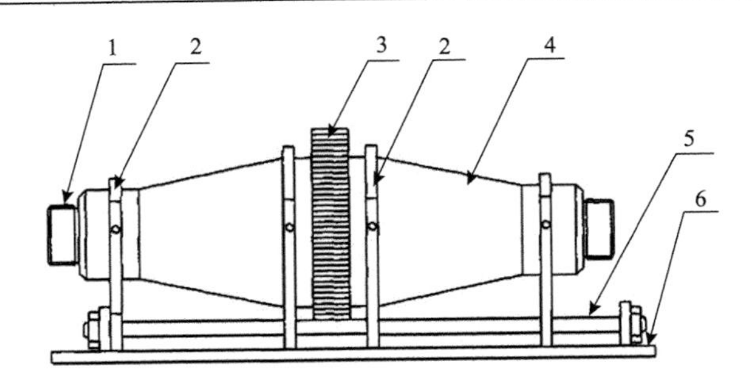

图 3.3　法兰同轴测试装置实物图及示意图

1. 同轴连接器；2. 锥形同轴线支架；3. 连接器紧固螺母；4. 锥形同轴线腔体；5. 导轨；6. 底座

3.2.2　方法

参照胶合板国家标准对素单板及镀铜杨木单板进行热压，采用酚醛树脂胶进行热压，热压参数见表 3.1，热压纹理为纵横交错，热压结构如图 3.2 所示。

表 3.1　热压参数

时间/min	温度/℃	压力/MPa	酚醛树脂施胶量/（g/m^2）
5	150	1.3	138

1. 单板冷热水抽提物的去除

选取加工成上述尺寸的木材单板 6 张为一组，共分为四组，将各组单板在 60～80℃热水中进行水煮，水煮时间为 10 min，单板在热水中水煮的主要目的：一是要去除沉积在单板表面上的灰尘和一些杂质；二是要去除沉积在木材中的冷热水抽提物，保证单板具有清洁的表面。将洗净的单板用清水冲洗后放入干燥箱中干燥至绝干状态并称重。

2. 表面处理

由于木材是非金属材料，对镍的化学还原不具有催化性，因此，必须经过合适的前处理工艺，以保证化学镀镍的实施以及镀层与基体的紧密结合。首先配制浓度为 1%的 KH-550 溶液，将具有清洁表面的木材单板试件在浓度 1%的 3-氨丙基三乙氧基硅烷溶液中进行浸渍，浸渍时间为 5 min，浸渍过程中要保证表面处理剂与木材单板表面有充分的接触。通过对木材单板表面进行表面处理，增加木材单板表面的亲水性，取出单板，在空气中晾干，待木材单板表面的溶剂挥发后放入干燥箱中，在 105℃±2℃温度下干燥 2 h，木材表面可以形成一层有机薄膜。

3. 敏化和活化处理

在本研究中了采用了胶体钯敏化活化一步完成的方法对单板进行敏化活化处理。将经过表面处理的木材单板试件在胶体钯的溶液中进行浸渍，实现对木材表面的催化处理。活化液配方及工艺操作见表 3.2。敏化活化处理后，将单板放入蒸馏水中清洗，去除单板表面过量的金属钯离子，完成木材单板表面的敏化和活化处理。

表 3.2　活化液配方及工艺参数

工艺参数	条件	工艺参数	条件
氯化钯/（mg/L）	50	温度/℃	30
氯化亚锡酸溶液/（mL/L）	100	时间/min	5

3.2.3　性能测试

1. 电磁屏蔽性能

根据 Schelkunoff 屏蔽理论（Schelkunoff，1943），对镀铜

杨木单板的电磁屏蔽性能进行理论计算与分析；并按照 GJB 8820—2015 标准进行测试，取不同条件镀铜单板各 3 块，用 DR-S02 法兰同轴屏蔽性能测试仪进行检测，测试频率范围为：0.3 MHz～1.5 GHz（可在 3 kHz～3 GHz 内使用，最大驻波比不大于 2）。

2. 化学镀铜木材单板电磁屏蔽效能的测量

化学镀铜木材单板电磁屏蔽性能的测量，所用到的测试设备包括：信号源、电磁干扰测量仪、法兰同轴测试装置、频谱分析仪、网络分析仪、衰减器、电缆及连接器等。其中，法兰同轴测试装置，如图 3.3 所示，是所用测试设备的核心部分。该同轴装置内的电场与磁场相互正交，且垂直于电磁波的传播方向，相当于空间的平面电磁波，因此，测量结果是单板试样对垂直入射平面波的屏蔽性能，如图 3.4 所示。用法兰同轴测试装置对材料进行屏蔽性能测试时，常用的测量方法有：信号源/电磁干扰测量仪（干扰接收机）测量方法、跟踪信号源/频谱分析仪（图 3.5）测量方法、网络分析仪测量方法。我们选用的标准是第三种——网络分析仪测量方法。化学镀铜单板被测试件如图 3.6 所示。网络分析仪实物图及网络分析仪法测量连接图如图 3.7 所示。

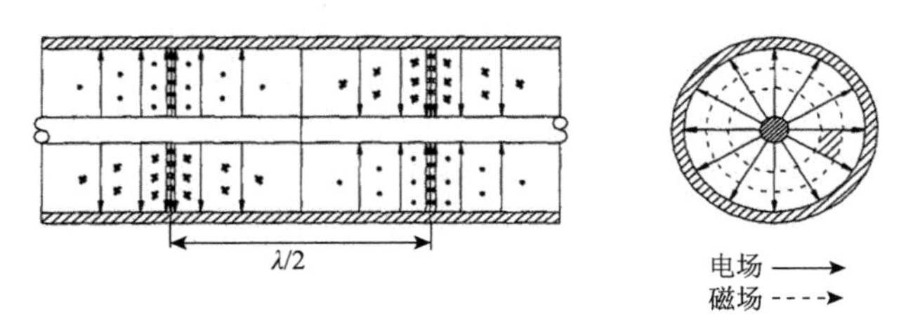

图 3.4　法兰同轴测试装置内部场分布

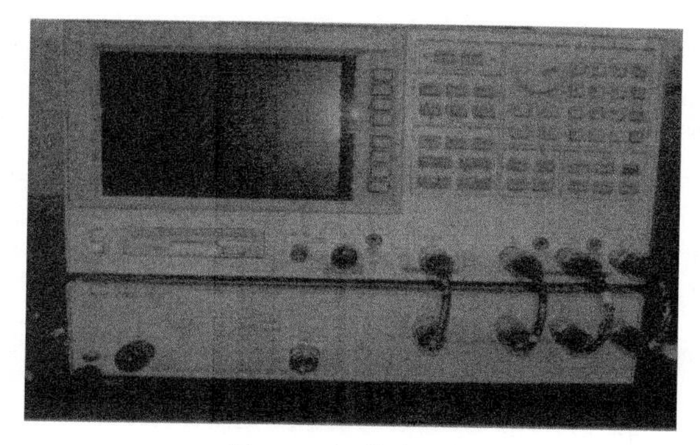

图 3.5　频谱分析仪

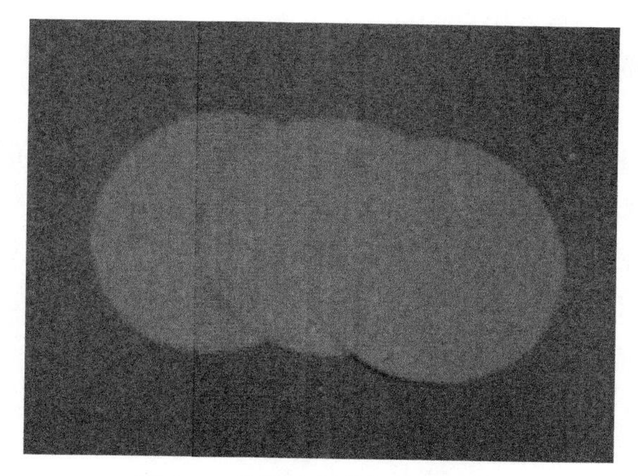

图 3.6　化学镀铜单板被测试件

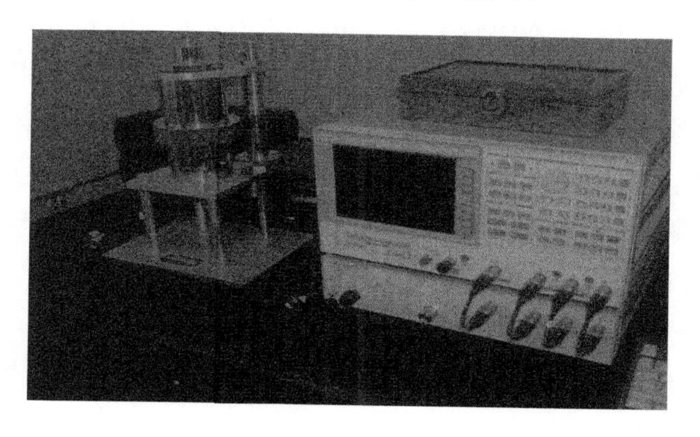

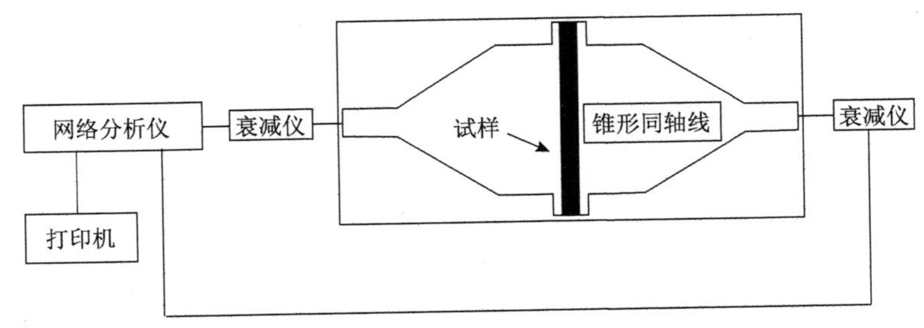

图 3.7 网络分析仪实物图及网络分析仪法测量连接图

3. 导电性

1）镀铜单板导电性测试

电磁屏蔽检测后试件任意取样 30 mm × 30 mm 进行单板电阻性能测试。

参照国家标准 GB/T 31838.2—2019 的表面电阻率的测量方法，采用 RTS-8 型数字式四探针测试仪，分别在平行和垂直于纤维方向的单板表面进行电阻测量。取不同施镀时间的绝干镀铜杨木单板各 6 块，各试件取 4 个测试点，每个点分别测试横纹和顺纹的电阻值，根据电阻值计算表面电阻率：

$$R_S=R_0W/L \tag{3.1}$$

式中：R_S 为试件表面电阻率，Ω；R_0 为试件表面电阻，Ω；W 为电极有效宽度，m；L 为电极长度，m。参照高聚物的表面电阻率的测量方法（何曼君等，1988），对化学镀铜木材单板表面电阻率进行测量，分别对被镀木材单板表面平行于纤维方向和垂直于纤维方向的表面电阻进行测量。测量方法如图 3.8 所示，并符合如下要求：

（1）测量前用薄铜片制作测量电极，自制测量电极间的距离为 10 cm，电极的有效长度为 5 cm；

（2）测量时待测样品及电极截面必须清洁；

（3）为使电极截面与被测样品有良好的接触，测量端面施加

4 kg 的压力；

（4）测试设备的精度不低于 0.001 Ω。

表面电阻测量欧姆计选用美国生产的数字化万用表（PACKARD 3455A digital voltmeter），测量时分别对化学镀铜单板平行于纤维方向和垂直于纤维方向的表面电阻进行测量，每个方向测量两次，取平均值。不同方向上的表面电阻 R_0 在欧姆计上读取，表面电阻率通过式(3.1)进行计算。

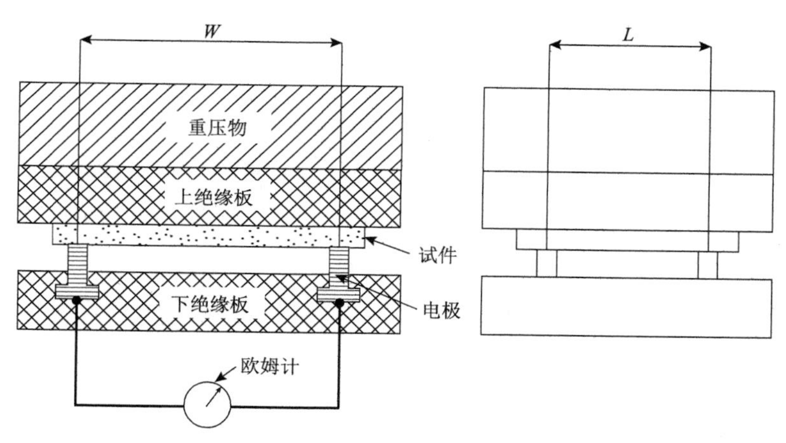

图 3.8　化学镀铜单板表面电阻测量示意图

2）复合材导电性测试

复合材的电阻测试试件取 100 mm（L）× 3 mm（T）× 5 mm（R）进行体积电阻性能测试。

参照国家标准 GB/T 31838.2—2019 的体积电阻率的测量方法，实验中取不同施镀时间（0 min、15 min、20 min、25 min、30 min），不同结构的复合材命名：素单板—镀铜单板—素单板—镀铜单板—素单板结构的复合材用 A 表示、素单板—镀铜单板—镀铜单板—镀铜单板—素单板结构的复合材用 B 表示、素单板—素单板—素单板—素单板—素单板结构的复合材用 C 表示，A、B 和 C 结构复合材各

3 块，平均含水率为 4.2%，待测完其电阻值后将其在 105℃±2℃温度条件下绝干 8 h，之后每 2 h 测其质量，直到前后两次测量值之差小于 0.002 g，再测量其绝干状态下的电阻值。测量方法为待测样品两头分别用导电电极夹住，中间距离需要测得，然后用探针压在两边电极上即可测得体积电阻，根据电阻值计算体积电阻率。

$$\rho=Rbd/L \tag{3.2}$$

式中：ρ 为体积电阻率，Ω·m；R 为体积电阻，Ω；b 为试样宽度，m；d 为试样厚度，m；L 为试样长度，m。

4. 导热性

采用 LFA427 型激光导热性能测试仪对复合材料进行导热性能测试，试件大小为 5 mm × 3 mm × 5 mm，温度范围：常温～1500℃；导热系数测量范围：0.1～2000 W/（m · K）；精确度：3%～7%。实验中取不同施镀时间（0 min、15 min、20 min、25 min、30 min），不同结构的复合材 A、B 和 C 各 2 块，平均含水率为 4.2%。

3.3 结果与讨论

3.3.1 电磁屏蔽性能

图 3.9 为不同施镀时间镀铜杨木单板在 0.3 MHz～1.5 GHz 范围内的电磁屏蔽效能实测值。结果显示，未经过镀铜处理的杨木单板不具备电磁屏蔽效能，化学镀铜杨木单板在施镀 25 min 后，铜层厚度为 5.164 μm，其电磁屏蔽效能 SE≥80 dB。在施镀时间为 30 min、频率范围为 800～1200 MHz 时，镀铜杨木单板的电磁屏蔽效能最高可达 100 dB，与标准住宅环境中对电磁屏蔽效能的需求标准相比高出一倍，远超过民用环境中对电磁屏蔽的需求标准（按照国家军用

标准 GJB 8820—2015，磁屏蔽效能 SE≥45 dB 或处于 B 挡的要求之内）。

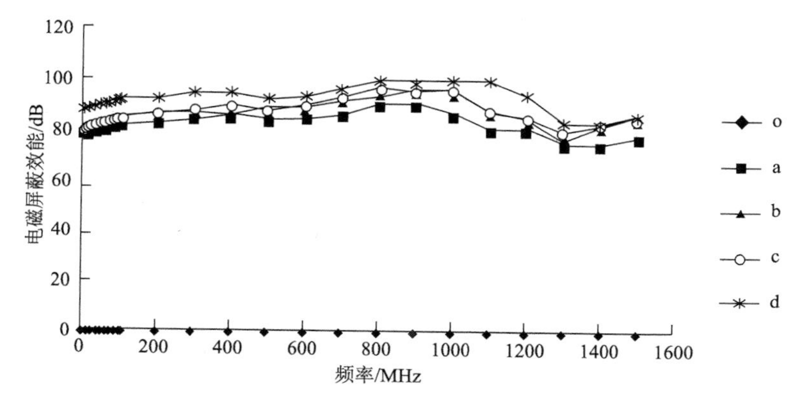

图 3.9　不同施镀时间镀铜杨木单板的电磁屏蔽特性

o 为素单板；a 为施镀时间 15 min 的镀铜单板；b 为施镀时间 20 min 的镀铜单板；c 为施镀时间 25 min 的镀铜单板；d 为施镀时间 30 min 的镀铜单板

为了进一步研究施镀时间与电磁屏蔽效能的关系及镀铜杨木单板对电磁波的屏蔽机理，以达到节约施镀时间与施镀成本的要求，根据 Schelkunoff 屏蔽理论（Schelkunoff，1943），对电磁屏蔽效能的吸收损耗、反射损耗进行了分析，并对镀铜杨木单板的厚度及趋肤深度进行了相关计算。

1. 镀铜杨木单板厚度的计算

采用质量法来计算绝干状态下不同时间化学镀铜杨木单板上的平均镀层厚度，在 105℃±2℃的条件下绝干，每 2 h 测一次质量，直至前后 2 次测量值之差不大于 0.002 g。

铜层厚度（δ）的计算公式如下：

$$\delta = \frac{(m_2 - m_1)\times 10^4}{\rho \times A} \tag{3.3}$$

式中：m_1 为镀前杨木单板的绝干质量，g；m_2 为镀后杨木单板的绝干质量，g；ρ 为铜的密度，g/cm^3；A 为试件表面积，cm^2。

图 3.10 所示是单板化学镀铜后铜层厚度与施镀时间的关系。由图可知，在镀铜时间分别为 15 min、20 min、25 min 和 30 min（a、b、c 和 d）时，金属铜的铜层厚度分别为 3.928 μm、4.449 μm、5.164 μm 和 5.506 μm，铜层的厚度随着镀铜时间的增加而增加。

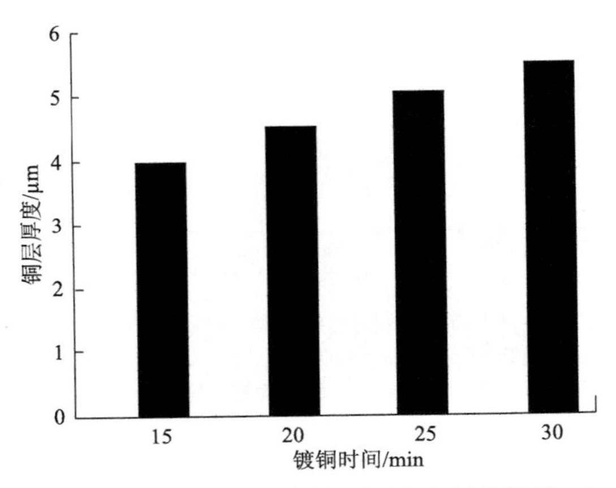

图 3.10　镀铜时间与铜层厚度之间的关系

2. 趋肤深度的计算

有研究证明，利用趋肤效应可确定波导产品的有效镀银厚度。由于导体中由微波诱导产生的电流都集中在导体的表面，微波场对导体的穿透程度可用趋肤深度 δ 表示（刘仁志，2006）：

$$\delta=\sqrt{\frac{2}{\omega\sigma\mu}} \tag{3.4}$$

式中：ω 为微波场振动的角频率，$2\pi f$，rad/s；σ 为铜的电导率，S/m；μ 为真空中铜的磁导率，H/m。

根据公式（3.4）计算不同频率微波传导时，镀铜杨木单板镀层的趋肤深度，结果示于表 3.3。

表 3.3 镀铜层中不同频率微波传导时的趋肤深度

频率/MHz	趋肤深度/μm
300	3.817
400	3.305
600	2.699
800	2.337
1000	2.091
1200	1.908
1400	1.767

由表 3.3 可知，电磁波的频率越高，微波在传导时的趋肤深度越小。因此，化学镀铜杨木单板的屏蔽电磁波的频带范围越广。化学镀铜杨木单板的镀层越厚，屏蔽效能越强，当频率为 300 MHz 时，其趋肤深度已接近施镀时间 15 min 后镀铜层的厚度，这时微波完全在镀铜层中传导。因此，如果要避免浪费镀铜时间与镀液成本，在施镀之前确定所需镀铜层厚度，就可以根据电磁波屏蔽的频率计算电磁波在铜层中传导的趋肤深度来达到此目的，避免盲目增加镀铜厚度。不仅可以节省施镀时间，并且可以节约施镀成本。例如，当施镀时间为 15 min 时，镀层厚度可以达到 3.928 μm；因此，如需屏蔽 400 MHz 频率以上的电磁波时，化学施镀的时间控制在 15 min 即可满足要求，这样不仅可以节约时间成本，也可以节约施镀成本。

3. 吸收损耗与反射损耗

实验发现，在检测频率内电磁波的趋肤深度并没有超过镀铜层厚度，说明电磁波只在镀铜层中传播，并且 XPS 检测（见 2.3.3 小节）结果显示铜含量较高，镀铜表面已接近于纯铜表面。因此，取铜的磁导率、电导率进行如下计算。

$$\mathrm{SE} = A + B + R \tag{3.5}$$

式中：SE 为电磁屏蔽效能，dB；A 为吸收损耗，dB，当 $A>10$ dB 时，B 可以忽略；B 为内部反射损耗，dB；R 为反射损耗，dB。

在平面波状态下，

$$A = 0.131d\sqrt{f\mu\sigma} \tag{3.6}$$

$$B = 10\times\lg\left(1-2\times10^{-0.1A}\cos(0.23A)+10^{-0.2A}\right) \tag{3.7}$$

$$R = 168-10\times\lg\left(\frac{\mu f}{\sigma}\right) \tag{3.8}$$

式中：μ 为铜的相对磁导率，其值为 $4\pi\times10^{-7}$ H/m；f 为电磁波频率，MHz；σ 为铜的电导率，其值为 58×10^{6}（$\Omega\cdot$m）$^{-1}$；d 为镀铜层厚度，μm。

按照式（3.6）～式（3.8），计算不同频率条件下化学镀铜杨木单板的 A、B 和 R 值，结果列于表 3.4。

表 3.4　化学镀铜单板的 *A*、*B*、*R* 值

频率/MHz	*A*/dB				*B*/dB				*R*/dB
	a	b	c	d	a	b	c	d	
300	0.0762	0.0865	0.1002	0.1076	0.0006	0.0007	0.0010	0.0011	99.8731
400	0.0878	0.0995	0.1155	0.1231	0.0010	0.0008	0.0014	0.0016	98.6238
600	0.1076	0.1218	0.1414	0.1508	0.0012	0.0015	0.0020	0.0023	96.8629
800	0.1242	0.1407	0.1633	0.1741	0.0016	0.0020	0.0027	0.0031	95.6135
1000	0.1389	0.1573	0.1826	0.1947	0.0020	0.0048	0.0034	0.0038	94.6444
1200	0.1521	0.1723	0.2000	0.2133	0.0024	0.0030	0.0040	0.0046	93.8526
1400	0.1643	0.1861	0.2160	0.2303	0.0027	0.0035	0.0051	0.0053	93.1831

注：镀层厚度 a 为 3.928 μm；b 为 4.449 μm；c 为 5.164 μm；d 为 5.506 μm。

从表 3.4 中可以看出，频率一定时，吸收损耗 A 与内部反射损耗 B，随着镀层厚度的增加呈逐渐增大的趋势，说明吸收损耗 A 与内部反射损耗 B 均依赖于电磁波与镀层内自由电子的相互作用频数。一方面，随着电磁波频率的增强，反射损耗 R 值呈下降趋势，这与波导中电磁波传导过程的反射损耗变化规律一致；当镀层厚度一定时，吸收损耗 A 与内部反射损耗 B 随着频率增大呈逐渐增大的趋势，说明两者又依赖于电磁波与镀层内自由电子的相互作用能量大小。另一方面，反射损耗 R 值是吸收损耗 A 值与内部反射损耗 B 值的 93～99 倍，表明镀铜杨木单板属于反射型电磁屏蔽材料，其屏蔽效能主要以反射损耗为主。

图 3.11 所示为镀铜杨木单板在施镀时间为 d，镀层厚度为 5.506 μm 时，镀铜杨木单板电磁屏蔽效能的理论计算值与实测值。总体上看两者的差别不大，高频率段的理论计算值高于实测值，主要是杨木单板基材表面的细胞腔壁中存在管胞、纹孔等组织结构使单板表面的纹理凸凹不均，致使镀层平滑度不够，造成化学镀铜单板反射损耗的差异性。

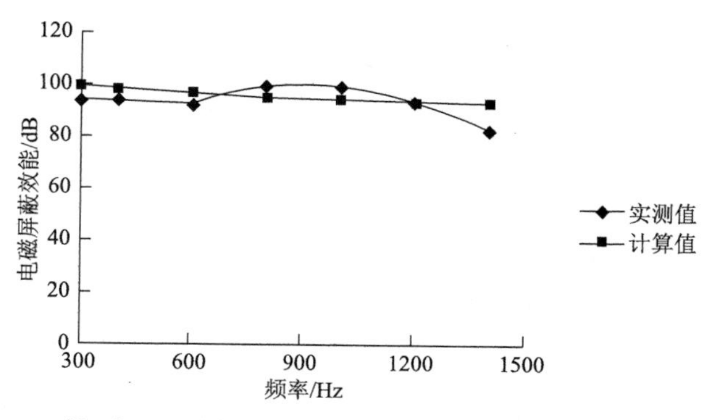

图 3.11　时间为 d、厚度为 5.506 μm 时电磁屏蔽效能实测值与计算值

3.3.2　导电性

1. 镀铜单板的导电性

图 3.12 为施镀时间与不同纹理方向镀铜杨木单板的电阻率关系。

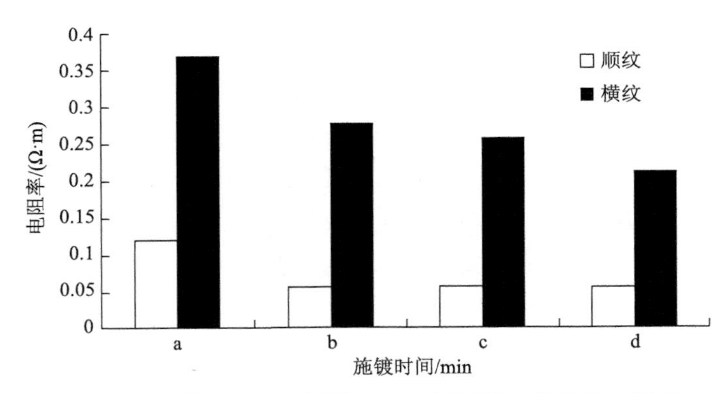

图 3.12　施镀时间与不同纹理方向镀铜杨木单板的电阻率

a 为施镀时间 15 min 的镀铜单板；b 为施镀时间 20 min 的镀铜单板；
c 为施镀时间 25 min 的镀铜单板；d 为施镀时间 30 min 的镀铜单板

从图 3.12 中可以看出，随着施镀时间增加，施镀后杨木单板的表面电阻率不管是顺纹方向的电阻率还是横纹方向的电阻率均呈下降趋势，导电性呈上升趋势，特别是当施镀时间由 a 增加至 b，其顺纹电阻率和横纹电阻率均快速减小，之后电阻率的下降速率逐渐变小。说明当施镀时间达到一定值后，其电阻率下降趋势逐渐减慢，电导率的增长速度减缓。特别是当镀铜时间增加的情况下，如从 15 min 到 20 min、铜层厚度从 3.928 μm 增加到 4.449 μm 时，其沿纹理方向上的电阻率都迅速下降，然后其下降速率呈逐渐减小的趋势。这是因为当镀铜达到一定时间后，镀覆速率逐渐放缓，沉积在木材表面的铜离子量逐渐减少，镀层厚度几乎不再增加，因此其导电性增加也逐渐放缓，与已有研究结果一致。

由图3.12还可以看出，化学镀铜杨木单板的表面电阻率在顺纹、横纹方向的差异较大，表面电阻率呈现异向性，横纹方向的表面电阻率是顺纹方向表面电阻率的 3 倍左右。原因主要来自两方面：一是在镀铜开始铜层厚度较薄的情况下，横纹方向的延展性比顺纹方向的延展性弱，不容易与镀液接触，因而在镀铜开始铜层厚度较薄的情况下，不容易起镀，并形成连续金属薄膜镀层，从而形成更多的导电回路；二是杨木单板本身属于多孔性材料，纤维结构疏松，由于导管、细胞壁中孔隙等结构的不同，横纹方向木材纹理凹陷下去的部位较多。由于凹陷部位形成连续薄膜镀层的能力相对较弱，因此横纹方向的电阻率要高于顺纹方向的电阻率，导电性相对较小。

2. 镀铜多层复合材料的导电性

图 3.13 为不同时间 A/B 不同结构镀后复合材料在绝干状态(D)与气干状态（W）的电阻率关系。

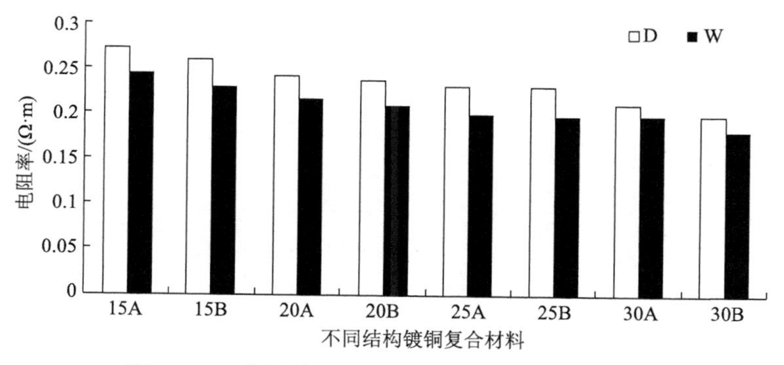

图 3.13　不同时间 A/B 不同结构复合材的电阻率

从图 3.13 中可以看到，不同施镀时间条件下，两种结构复合材绝干状态下的电阻率都要大于气干状态下的电阻率，并且无论是气干复合材还是绝干复合材，其镀铜时间越长，电阻率越小，导电性能越好。

不同结构的复合材其电阻率也不同。结构 C 的电阻率为无穷大，结构 A 复合材的电阻率大于结构 B 复合材的电阻率，说明结构 B 的复合材的导电性能较结构 A 好。这是因为结构 B 中间为三层镀铜单板，比 A 结构多一层，因此其导电性要明显优于结构 A。

3.3.3　导热性

图 3.14 为相同含水率条件下，不同施镀时间不同结构复合材的热导率。

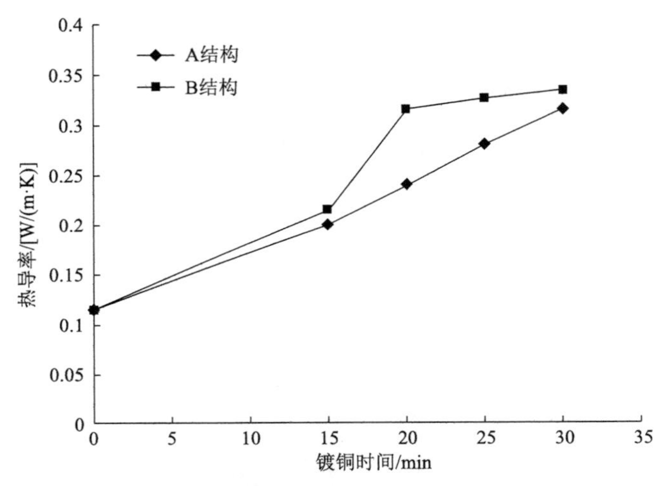

图 3.14　不同时间不同结构复合材的热导率

由图 3.14 可以看出，在相同含水率条件下，全素复合材料的热导率为 0.116 W/(m·K), 复合材的热导率最高可达 0.334 W/(m·K), 比全素复合材料的热导率相对高出近 2 倍，并且随着施镀时间的增加，其热导率也随之增大。B 结构复合材的热导率比 A 结构复合材的热导率要略高一些，且在施镀时间达到 20 min 后 B 结构复合材的热导率都可达到 0.3 W/（m·K）以上。

图 3.15 是电阻率与热导率之间的关系。由图可知，复合材的导热性由于电阻率的减小引起导电性增加而得到改善，复合材的导热性能和体积电阻率存在很大的相关性，复合材的体积电阻率越小，导电性能越好，并且随着复合材导电性的增强，其导热性能也越强。

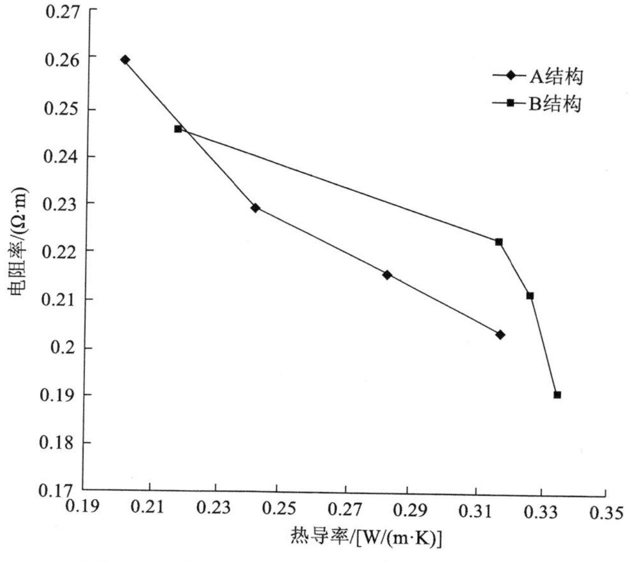

图 3.15　复合材电阻率与热导率之间的关系

3.4　小　　结

（1）未经过镀铜处理的杨木单板不具备电磁屏蔽效能，化学镀铜杨木单板的电磁屏蔽效能在施镀时间高于 25 min、频率范围为 800～1200 MHz 时，效能最高可达 100 dB，远超过民用环境中对电磁屏蔽的需求标准。通过趋肤深度的计算，可以根据不同电磁屏蔽需要镀至所需时间，既可节省施镀时间，又可节约施镀成本；通过对镀铜杨木单板单位板吸收损耗与反射损耗的计算得出：镀铜杨木单板属于反射型电磁屏蔽材料，其屏蔽效能主要以反射损耗为主。

（2）化学镀铜杨木单板的表面电阻率在顺纹、逆纹方向的差异较大，表面电阻率呈现异向性，逆纹方向的表面电阻率是顺纹方向表面电阻率的 3 倍左右。随着施镀时间增加，镀铜杨木单板在顺纹与逆纹方向的表面电阻率均呈减小趋势，导电性呈上升趋势。当镀铜达到一定时间后，镀覆速率逐渐放缓，沉积在木材表面的铜离子量逐渐减少，镀层厚度几乎不再增加。

（3）对复合材来说，不同施镀时间条件下，绝干状态下的电阻率都要大于气干状态下的电阻率，并且无论是气干复合材还是绝干复合材，其镀铜时间越长，电阻率越小，导电性能越好。不同结构的复合材的电阻率也不同。结构 C 的电阻率为无穷大，结构 B 的复合材的导电性能较结构 A 好。

（4）在相同含水率条件下，复合材的热导率比全素复合材料的热导率相对高出近 2 倍，并且随着施镀时间的增加，其热导率也随之增高。B 结构复合材的热导率比 A 结构复合材的热导率要略高一些；复合材的导热性能和体积电阻率存在很大的相关性，复合材的体积电阻率越小导电性能越好，并且随着复合材导电性的增强，其导热性能也越强。

第4章　镀铜杨木单板多层复合材料的干缩湿胀

4.1　引　　言

木质复合材料在热源的作用下，温度变化起伏较大，在漫长的使用过程中要经过反复的受热、冷却。夏天吸潮地板膨胀，冬天烘烤地板干缩，所以要求复合材的尺寸稳定性和抗变形能力指标都比普通地板严格，因此对其干缩湿胀性能的研究显得尤为重要。干缩湿胀是木材重要的物理性质之一，是关系到木制品在加工和使用中尺寸和形状稳定性的根本性问题。木材的干缩湿胀具有各向异性的特点，并且受环境温度、湿度改变影响很大。20 世纪 60 年代，木材干缩湿胀的研究从平衡态发展到非平衡态领域。Stevens 研究了一个水分循环下，即解吸到吸湿过程中的欧洲榉木的干缩湿胀性质，其试验结果显示，当木材试件的含水率在 20%以下时，木材的弦向、径向收缩与含水率之间为线性关系（Stevens，1963）。Chomcharn 等指出，美国黄桦（*Betula alleghaniensis*）、椴木（*Tilia americana*）、樱桃木（*Prunus serotina*）生材气干干燥时，径向开始收缩时的含水率比弦向开始收缩时的含水率低 5%～10%。由此可见，收缩并不是用来获得木材纤维饱和点大小的可靠手段（Chomcharn and Skaar，1983）。Espenas 对美国西部铁杉（*Tsuga heterophylla*）、冷杉（*Abies* spp.）和美国西部红侧柏（*Thuja plicata*）的研究表明，这些树种的纵向收缩主要发生在含水率小于 12%时。木材发生收缩时的含水率不仅因木材的弦向、径向而不同，而且还因纹理方向而异（Espenas，1971）。马尔妮等将西岸云杉置于 20℃，相对湿度在 45%～75%之间正弦变化的环境中，分别在 1 h、6 h 和 24 h 三个周期条件下经历多个循环，并在该过程中测定了试材含水率和弦、径向尺寸的变化情况。发现随着周期的增长，含水率和弦、径向尺寸相位滞后有所下降，而振幅有所增加（马尔妮和赵广杰，2012；2006）。

Barber 等将针叶材管胞简化为仅由 S_2 层构成、横截面呈正方形、胞壁由基体物质（matrix）和微纤丝（microfibril）两成分组成的细胞模型；同时假设基体物质因水分进出发生各向同性的干缩湿胀，其应变大小为 ε_0。而微纤丝则会对基体物质的变形起到抑制作用，其程度取决于微纤丝的弹性模量 E 与基体物质的剪切模量 S 的比值（E/S）的大小（Barber and Maylan，1964）。在以上研究基础上，Barber 以木纤维为对象提出了改进理论模型，提出了细胞的横截面呈圆形，细胞壁由两层构成，其内层为厚壁层（S_2 层），外层为能够抑制木材横向干缩湿胀的薄壳抑制层（S_1 层）。Barber 的理论模型告诉我们，S_1 层的横向抑制作用对壁薄的早材影响更大，因而其弦向收缩小于晚材。可见，Barber 的改进理论模型由于考虑了 S_1 层对木材干缩湿胀行为的影响而使其更具合理性（Barber，1968）。

Barrett 等提出了针叶材管胞的双细胞壁理论模型。该模型具有由相邻两细胞壁所构成的 7 层结构，即一层为由胞间层（middle lamella）和两相邻细胞的初生壁（primary wall）构成的复合胞间质层（compound middle lamella）、剩余 6 层为两相邻细胞各自次生壁（secondary wall）中的 S_1 层、S_2 层和 S_3 层。除了微纤丝角，该模型考虑了木材的三大化学组分，即纤维素、半纤维素和木质素在细胞壁中的分布情况，以及壁层厚度对干缩湿胀行为的影响（Barrett et al.，1972）。

Cave 从研究含水率变化时纤维素、半纤维素、木质素的膨胀特征入手，发现是吸着水中的高能水造成了木材的膨胀。然后以针叶材管胞为对象，沿用 Barrett 等提出的双细胞壁结构构筑了一个更为复杂的模型，该模型在细胞壁层各组分的组织排列方式上与双细胞壁理论模型有所不同。在理论分析中，Cave 假设木材的纵向膨胀与高能水的含量成比例，计算得到了不同含水率下木材的收缩与微纤丝角之间的关系曲线（Cave，1978a；1978b）。

Farmer 介绍了用以下步骤来评估不同树种窑干木材的“移动”特性：在 77℉条件下使木材试样先后于相对湿度为 90%和 60%的环境中达到平衡，记录这两个湿度环境下木材的平衡含水率和弦、径向的尺寸变化，并以相对湿度 90%下的尺寸为基数用百分数的形式表示出来，即可根据弦、径向“移动”之和将木材分为“较小移动”（small movement，小于 3.0%）、“中等移动”（medium movement，3.0%～4.5%）或“较大移动”（large movement，大于 4.5%）（Farmer，1972）。

Yamamoto 等在 Barber 理论模型的基础上提出了“多层木纤维”模型（multi-layered wood fiber model）。通过对胞壁各层膨胀行为的计算，得到了木纤维干缩湿胀的理论方程。Yamamoto 还对柳杉早材纵、弦向收缩与微纤丝角、含水率的关系进行了研究，并应用理论方程对实验数据进行了模拟，从而确定了理论方程的最佳参数条件。研究表明，当理论方程中变量的大小选择合理时，该模型可以实现对木材干缩湿胀行为与微纤丝角、含水率之间关系的动态模拟和定量分析（Yamamoto et al.，2001；Yamamoto，1999）。

Gu 等通过扫描电子显微镜（SEM）、环境扫描电子显微镜（ESEM）手段测量了欧洲赤松（*Pinussylvestris*）早、晚材弦、径面壁的厚度和 S_2 层微纤丝的排列，并根据实验结果建立了管胞横切面的简化模型，在此基础上计算了早、晚材弦、径向收缩之比，从细胞壁结构的角度解释了木材的横向干缩湿胀各向异性。研究表明，细胞弦、径面壁 S_2 层微纤丝角的差异是造成木材横向干缩湿胀各向异性的主要因素，而壁厚差异则处于次要地位。此外，该模型能较好地适用于晚材，而对于早材的应用则还需要做出进一步改进与完善（Gu et al.，2001）。

Keylwerth 测定了欧洲桦木（*Betula* spp.）在绝干到纤维饱和的水分吸着过程中的膨胀大小。研究表明，试材的体积、弦径向膨胀与含水率之间的关系曲线均略呈 S 形；当含水率在 5%～25%之间时，曲线呈线性。若换用水分膨胀系数（moisture expansion coefficient）来表征时，则在该含水率区域内，体积、弦径向的水分膨胀系数为常数（Keylwerth，1964）。Meylan 发现正常木材的纵向干缩与微纤丝角关系呈正相关（Meylan，1972）。

Pang 对木材失水收缩现象从分子、超微结构、微观结构和宏观结构四个层次进行分析。为了预测木材细胞的收缩，对 Barber 和 Meylan 模型进行了修正，以反映细胞壁收缩、管腔形状变化以及射线和边缘凹点效应的综合效应。当一块木材含有多层的早材和晚材，或多层性质不同的正常木材和缺陷木材时，提出了一个总收缩量与各层收缩量之间的关系模型。该模型适用于具有非对称厚度的试样（Pang，2002）。

曹金珍等为了弄清楚热处理木材细胞壁中的水分吸着环境，即由半纤维素和木质素组成的无定形区构造的变化，对未处理及150℃、180℃、230℃处理云杉材在温度为 20℃和 50℃时的水分吸着等温线的测定，得到了吸着水的微分吸着热、微分吸着自由能及微分吸着熵与水分吸着量、热处理温度之间的关系。结果表明：与未处理木材相比，热处理木材的水分吸着机构发生变化，即第一层吸着和第二层吸着不具有时间上的重叠性；随着热处理温度的升高，水分吸着量减少，这是由吸湿性的半纤维素发生变化而导致；在相对湿度为 60%时，微分吸着热和微分吸着熵随着热处理温度的升高而减少，这一现象意味着水分子与木材分子之间形成的氢键结合数量上的减少、温度、湿度是影响木质复合材料品质的重要因素（曹金珍等，1997）。

4.2　材料与方法

4.2.1　材料

1. 化学镀铜杨木单板

毛白杨（*Populus tomentosa* Carr.）单板，施镀时间为 25 min、载铜量厚度为 5.164 μm，镀铜杨木单板；尺寸 200 mm（L）× 200 mm（T）× 1 mm（R）。

2. 复合材结构

设有 A、B 两种镀铜实木复合板结构，另设纯杨木单板复合板为参照组 C。尺寸 200 mm（L）× 200 mm（T）× 5 mm（R），结构为纵横交错结构，如图 4.1 所示。图 4.1 中 A 结构表达的是共 5 层单板复合压制一起为 5 层合板，其中奇数层为素单板（未镀铜单板），偶数层为镀铜单板；B 结构表达的是共 5 层单板复合压制一起为 5 层合板，其中两个表层为素单板（未镀铜单板），中间 3 层为镀铜单板；C 结构表达的是共 5 层单板复合压制一起为 5 层合板，其中 5 层均为素单板（未镀铜单板）。

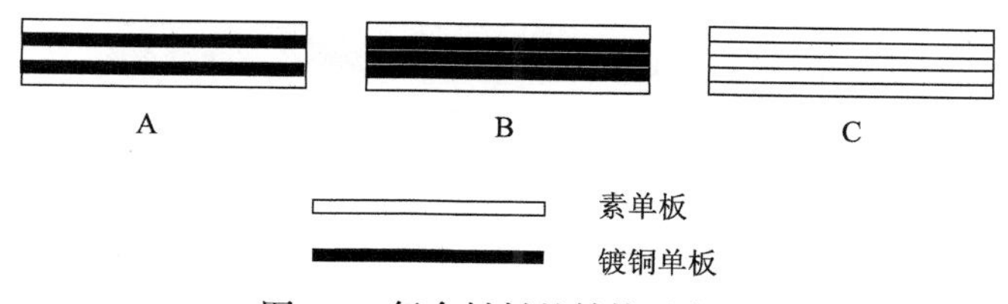

图 4.1　复合材料的结构示意图

热压参数见表 4.1。

表 4.1 热压参数

时间/min	温度/℃	压力/MPa	酚醛树脂施胶量/（g/m^2）
5	150	1.3	138

3. 干缩湿胀试件

干缩湿胀试件尺寸为 20 mm（*L*）× 20 mm（*T*）× 5 mm（*R*），分别取自 A、B、C 三种结构的多层复合板，每组各精选出 9 个相近的试件。

4.2.2 方法

温度调控通过使用两台电热鼓风干燥箱分别设定 35℃、45℃和 55℃达到。湿度调节采用饱和盐溶液调湿法。其调湿机理为：一定温度下不同盐的饱和溶液与其在空气中达到水分平衡的相对湿度有一一对应的关系。因此，采用不同饱和盐溶液可以调节出不同恒定的相对湿度环境。据资料记载，上述环境温湿度所对应的饱和盐溶液名称见表 4.2，实验中通过饱和盐溶液调湿法实际调节出的环境湿度见表 4.3。

表 4.2 饱和盐溶液与环境平衡相对湿度对应关系

饱和盐溶液（35℃）	相对湿度/%	饱和盐溶液（45℃）	相对湿度/%	饱和盐溶液（55℃）	相对湿度/%
$MgCl_2 \cdot 6H_2O$	32.05±0.13	$MgCl_2 \cdot 6H_2O$	31.10±0.13	$MgCl_2 \cdot 6H_2O$	29.93±0.16
$Mg(NO_3)_2 \cdot 6H_2O$	51.40±0.24	$Mg(NO_3)_2 \cdot 6H_2O$	48.42±0.37	$Mg(NO_3)_2 \cdot 6H_2O$	45.44±0.60
$NaNO_3$	72.06±0.32	NaCl	74.52±0.16	NaCl	74.41±0.24
KNO_3	90.79±0.83	KNO_3	87.03±1.8	$Mg(NO_3)_2$	95.25±0.48

表 4.3 饱和盐溶液与实际调节环境平衡相对湿度对应关系

饱和盐溶液（35℃）	相对湿度/%	饱和盐溶液（45℃）	相对湿度/%	饱和盐溶液（55℃）	相对湿度/%
$MgCl_2·6H_2O$	33.15	$MgCl_2·6H_2O$	30.92	$MgCl_2·6H_2O$	30.16
$Mg(NO_3)_2·6H_2O$	51.70	$Mg(NO_3)_2·6H_2O$	48.64	$Mg(NO_3)_2·6H_2O$	45.52
$NaNO_3$	72.26	NaCl	74.39	NaCl	74.20
KNO_3	89.95	KNO_3	88.52	$Mg(NO_3)_2$	94.09

4.2.3 性能测试

为了模拟复合材使用温湿度环境，确定最适宜其使用的温湿度范围，本实验设定多个环境温湿度阶梯变化，同时考虑外界环境温湿度条件及设备仪器数量，本实验温度设定在 35℃、45℃和 55℃三阶段，相对湿度设定在 30%、50%、70%和 90%四阶段之间呈矩形阶梯状变化。为减小误差，取 A、B 和 C 三种结构实木复合地板试材各 9 个，按温度分为 35℃、45℃和 55℃共 3 组，每组各 3 个。先将全部试材置于电热鼓风干燥箱中以 102℃绝干，记录各试材绝干质量及长度、宽度和厚度方向尺寸（按表板分辨方向），再将试材分组放置于 3 个内环境为相对湿度 30%的干燥皿，并把干燥皿放到温度设定分别为 35℃、45℃和 55℃的电热鼓风干燥箱中调质 3 天。试材初始环境相对湿度为 30%，以 12 h 为一个相对湿度保持周期，之后每隔 12 h 变换一次环境湿度，每隔 3 h 用电子数显千分尺测量一次试件的尺寸，用 Mettler Toledo 电子天平（0.0001 g）测量其质量。

4.3 结果与讨论

4.3.1 干缩湿胀各向异性

图 4.2 是复合材在温度恒定、湿度周期变化条件下干缩湿胀的

结果，由于三种条件下结果差异较小，在此只列 35℃条件下其干缩湿胀结果。由图 4.2 可见，3 种结构试材长度和宽度方向上的干缩湿胀率变化很小，变化范围在 0.1%～0.7%之间。长度方向（AL 表示 A 结构长度方向、BL 表示 B 结构长度方向、CL 表示 C 结构长度方向）和宽度方向（AW 表示 A 结构宽度方向、BW 表示 B 结构宽度方向、CW 表示 C 结构宽度方向）干缩湿胀率之间比较，宽度方向略大于长度方向，二者间差值约为 0.05%。这是由于多层实木复合板胶合过程遵循纹理相互垂直原则，木材纵向和横向纹理之间相互制约，使得试材长度和宽度方向相互制约。另外，多层实木复合板符合奇数层原则，5 层实木复合板以试材表板纵向为试材长度方向，可见，长度方向上有 3 块单板为纵向，宽度方向上有 2 块为纵向，根据木材干缩湿胀的各向异性可知，顺纹干缩湿胀率小于横纹干缩湿胀率，因此，试材宽度方向干缩湿胀率略大于长度方向。由于没有胶层与横纵纹理的相互牵制，厚度方向（AT 表示 A 结构厚度方向、BT 表示 B 结构厚度方向、CT 表示 C 结构厚度方向）上干缩湿胀率约为长度和宽度方向上的 2～3 倍，由此可看出影响试材

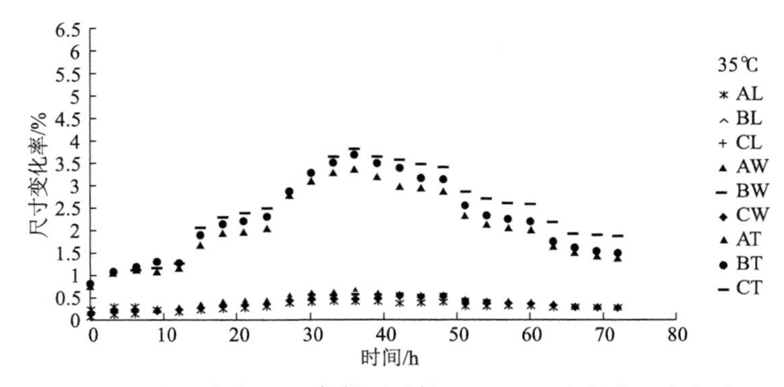

图 4.2 在温度为 35℃条件下试件 A、B、C 在长度、宽度及厚度方向上的干缩湿胀率

AL、BL 和 CL 表示三种试件长度方向干缩湿胀率；AW、BW 和 CW 表示三种试件宽度方向干缩湿胀率；AT、BT 和 CT 表示三种试件厚度方向干缩湿胀率

体积干缩湿胀率的主要因素是厚度方向上的干缩湿胀率。因此，研究重点放在厚度方向上的尺寸变化。

4.3.2　不同结构复合材干缩湿胀的湿度响应

图 4.3 是在 35℃、45℃和 55℃条件下，A、B 和 C 结构复合材厚度方向干缩率变化。从图 4.3 中可知，随着温度的升高，A、B 和 C 结构复合材厚度方向干缩率随着湿度变化呈逐渐增大的趋势。并且随着湿度增加，其区别也越趋明显，特别是温度为 55℃，湿度至 90%时，厚度方向干缩率随温度的升高数值明显增大。总体来看，

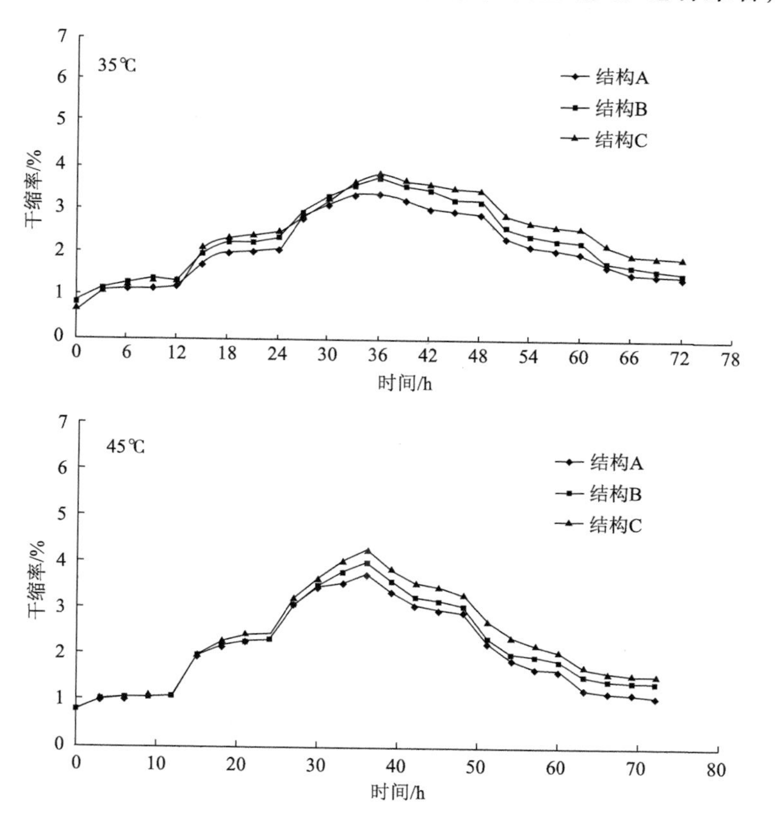

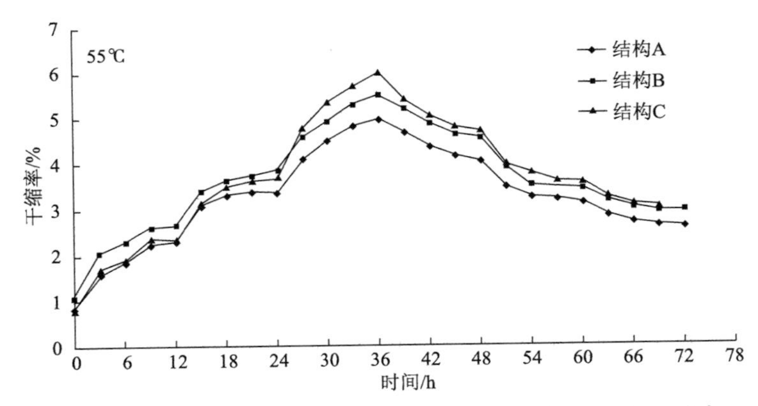

图 4.3　温度为 35℃、45℃、55℃条件下试材厚度方向的干缩率

在环境湿度变化范围内，三种结构复合材厚度方向干缩率呈 C>B>A 的变化态势。这个现象主要基于杨木单板镀铜面的有无以及相邻面之间的胶合强度对于厚度方向变形束缚程度所致。

图 4.4 是 35℃、45℃和 55℃条件下，A、B 和 C 结构复合材的试材 A、B 和 C 含水率伴随环境湿度周期性变动的经时变化曲线。从图 4.4 中可以看出，随着温度的升高，A、B 和 C 结构复合材试材 A、B 和 C 的含水率随着环境湿度的变化呈逐渐变小的趋势。这个现象同平衡状态下木材细胞壁中吸着水的热力学特性十分相似。

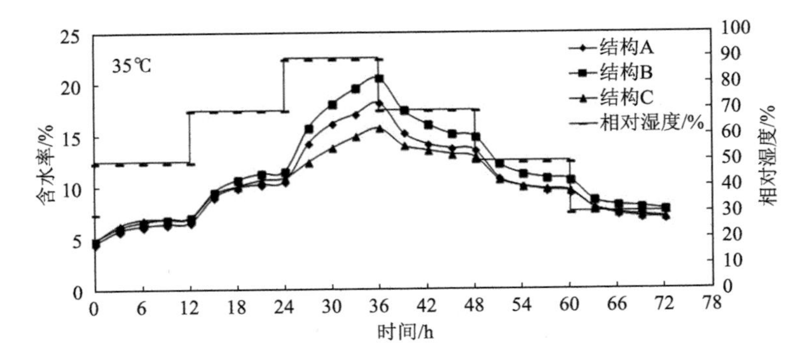

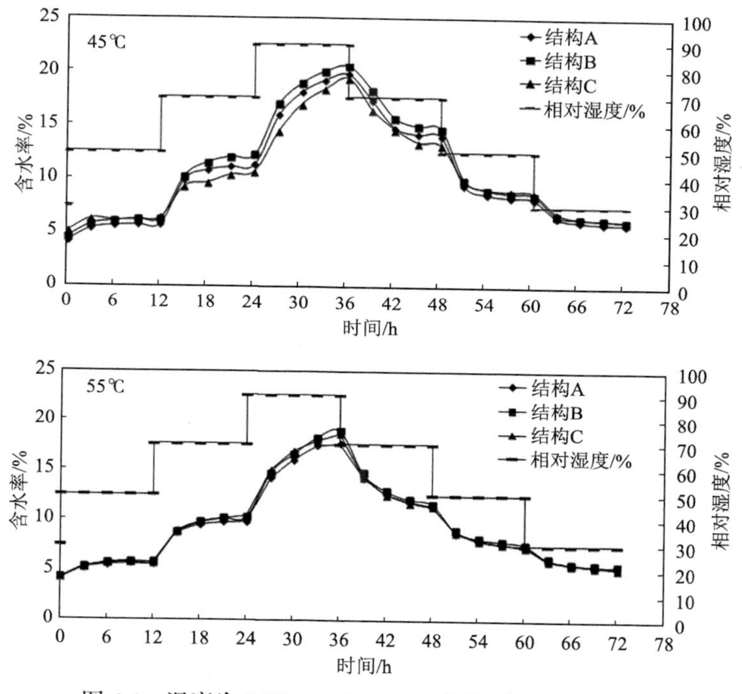

图 4.4　温度为 35℃、45℃、55℃条件下试材的含水率

从图 4.3、图 4.4 中可以看出，在 30%、50%和 70%相对湿度环境中，三种结构复合材其含水率、厚度干缩湿胀率相差很小，但随着湿度上升至 90%，三种结构复合材之间的区别开始逐渐明显。环境湿度 90%条件下复合材含水率差异的增大可以解释为：一方面，镀铜杨木单板结晶度比未处理单板降低约 10%（如 2.3.2 小节所述），因此，伴随镀铜杨木单板纤维素结晶区域减少、无定形区域增加，致使吸着水分子的吸着区域扩大；另一方面，当环境湿度达到 90%时，产生了毛细管凝结水，即发生了开尔文吸附。因此，由于毛细管凝结水的吸附，在湿度达到 90%时，镀铜层较多的试材 B 的含水率比 A 和 C 的大，而毛细管水吸附并不会改变试材尺寸，因而试材的干缩率呈现 C 大于 A 和 B 的态势。并且由于 A、B 表面有金属铜

层覆盖，在一定程度上也抑制了厚度方向的干缩湿胀。因此，复合材的干缩率比未镀铜木质复合材料的小，其尺寸稳定性比未镀铜木质复合材料好。

4.3.3 不同结构复合材的吸湿、解吸滞后现象

图 4.5 是温度在 35℃、45℃和 55℃条件下，吸湿、解吸过程 A 结构复合材含水率的变化曲线，由于 B、C 结构复合材的变化曲线与 A 结构复合材一致，在此只列 A 结构复合材的变化曲线。由图可知，相对于横坐标，吸湿过程中复合材含水率变化曲线呈凸形，解吸过程中复合材的含水率变化曲线呈凹形。一方面，按照 Dent 理论（Dent，1977），吸湿过程中含水率变化曲线呈凸形变化可以解释为：水分子在木材内表面凝结和蒸发过程中，水分子的凝结速率或水分子被木材细胞壁吸着点束缚概率大于蒸发速率或从木材细胞壁解脱

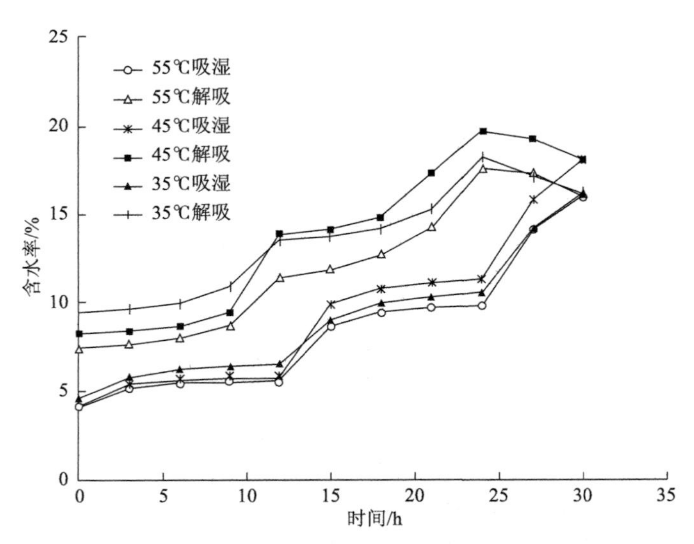

图 4.5 温度在 35℃、45℃、55℃条件下 A 结构复合材吸湿、解吸过程含水率的变化曲线

概率引起的。另一方面，从中可以知道：吸湿过程中水分子从非平衡态趋向平衡态的速度快，换言之，水分子处于低湿度环境向高湿度环境过渡态时比较平稳。同理，可以圆满地解释在解吸过程中复合材含水率变化曲线为什么呈凹形的根本原因。

另外，吸湿、解吸两条曲线在逐渐趋于平衡状态时，由于环境相对湿度周期性变化，又使其进入另一个非平衡态。由于连续非平衡态的叠加效应，两条曲线始终偏离各自的同一平衡态。因此，解吸含水率变化曲线终点始终高于吸湿含水率变化曲线的始点。

4.3.4　二阶动力学分析

一般地，利用二阶动力学模型可以分析在吸附、解吸过程中水分平衡值的趋近状态（Robati，2012）。为了进一步研究镀铜杨木单板复合材料干缩湿胀的平衡状态，基于二阶动力学原理，用公式（4.1）对复合材在不同吸湿、解吸阶段达到平衡时的吸附值进行了相关计算。

$$\frac{t}{q_t}=\left(\frac{1}{k_2{q_e}^2}\right)+\left(\frac{1}{q_e}\right)t \tag{4.1}$$

式中：q_t 和 q_e 分别为在时间 t 和平衡时的吸附值；k_2 为二阶动力学模型中的常数。k_2 和 q_e 的值可以从 t/q_t-t 的直线图中的截距和斜率中得到。

由于不同温度下计算结果的线性表示一致。在此，只列温度在45℃条件下 A 结构复合材在吸湿、解吸过程中根据公式（4.1）中二阶动力学模型计算结果的线性表示。如图 4.6 所示，根据伪二阶动力学模型计算的结果都成一条直线，说明拟合结果相对较好。除了相对湿度 90%吸湿过程中其线性趋势较平，其他吸湿、解吸过程中的线性趋势都较明显。根据表 4.4 中所示，除了相对湿度 90%时，

其他湿度条件下 R^2 都在 0.9 以上。这说明伪二阶动力学模型可以测算相对湿度 90%以下条件达到平衡的数值，而对于相对湿度 90%条件下达到平衡时数值的测算相对较难。

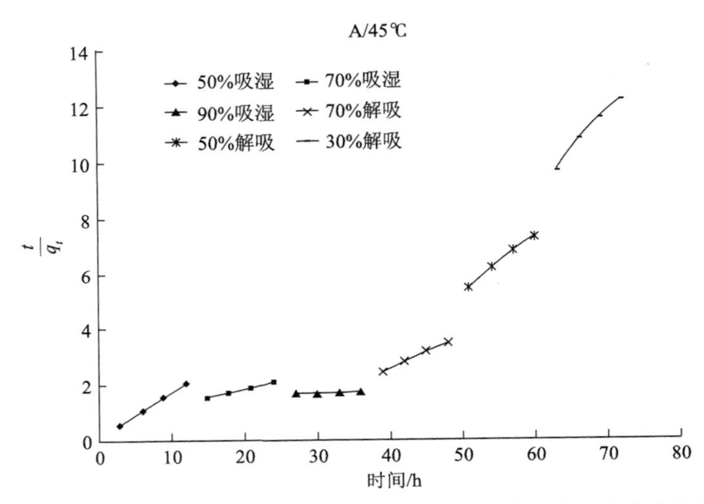

图 4.6　温度在 45℃条件下试材 A 在吸湿、解吸过程中二阶动力学的线性表示

表 4.4　不同温度条件下三种结构复合材达到平衡时的吸附值

温度/℃	结构和 R^2	吸湿吸附值/%			解吸吸附值/%		
		湿度 50%	湿度 70%	湿度 90%	湿度 70%	湿度 50%	湿度 30%
35	A	6.849	14.367	90.909	9.132	5.476	3.616
	B	7.468	17.793	200	8.976	6.142	4.58
	C	7.204	15.29	72.463	9.551	6.056	3.912
	R^2	0.9998	0.9894	0.6309	0.9906	0.9881	0.983
45	A	5.917	14.662	70.422	8.756	4.768	3.644
	B	6.472	18.083	147.058	8.96	4.868	4.076
	C	6.414	12.594	57.803	6.443	5.577	3.615
	R^2	0.9988	0.9912	0.5606	0.9861	0.98	0.9851

续表

温度/℃	结构和 R^2	吸湿吸附值/%			解吸吸附值/%		
		湿度 50%	湿度 70%	湿度 90%	湿度 70%	湿度 50%	湿度 30%
55	A	5.72	12.269	67.567	6.277	4.078	3.09
	B	5.98	14.367	175.438	6.238	4.23	3.099
	C	5.875	14.347	68.965	6.105	3.962	2.9
	R^2	0.999	0.9883	0.5503	0.9921	0.9912	0.9865

测算后的数值列在表 4.4 中。如表 4.4 所示，试样 B 在吸湿过程中其计算平衡值大于试样 A 和 C，这与 4.3.2 小节中含水率的实验数据相符合。这主要是由于 B 结构复合材的中间三层均为镀铜单板，而镀铜单板的纤维素结晶度降低（如 2.3.2 小节所述），使木材内孔隙增大，加剧了水分子的运动，因此 B 结构复合材达到平衡时的吸附值要高于 A 结构和 C 结构的复合材。

4.4　小　　结

（1）在温度恒定、湿度周期变化条件下，结构为 A、B 和 C 的试材长度和宽度方向的干缩率在 0.1%～0.6%之间，而厚度方向的干缩率却是长度和宽度方向的 2～3 倍。

（2）复合材的干缩率比未镀铜材料的小，其尺寸稳定性比未镀铜木质复合材料的好。

（3）由于连续非平衡态的叠加效应，两条曲线始终偏离各自的同一平衡态。因此，解吸含水率变化曲线终点始终高于吸湿含水率变化曲线的始点。

（4）B 结构复合材在吸湿过程中达到平衡时的吸附值要高于 A 结构和 C 结构的复合材。

第5章　镀铜杨木单板多层复合材料的蠕变

5.1　引　　言

蠕变是在恒定应力的作用下，材料的应变随着时间的延长而增大的现象。它是黏弹性材料最典型的表现形式之一，聚合物则是典型的黏弹性材料。由于木材的黏弹性，木材单板和化学镀铜单板复合而成的复合材同样具有蠕变性。其蠕变行为还受其材料特性（包括树种、微纤丝角）、温度、湿度等环境因素的影响。复合材的蠕变性能好坏将直接影响复合材在装饰用材领域的应用。

早在1961年，Armstrong等就测定了木材在含水率变化过程中的蠕变曲线。测试结果发现，木材的蠕变变化趋势与其他吸湿过程截然不同，在第一个吸湿过程中，蠕变的变化和水分解吸时的变化更明显，蠕变有一个很大的增量，而在其他的吸湿过程中，却都出现了一定程度的蠕变恢复；在解吸过程中，木材的蠕变在解吸过程初期增大得非常迅速，而到了某一阶段，蠕变的速度逐渐降低，但如果延长解吸过程的时间，这种平缓的趋势更为明显。另外，Armstrong等的研究还发现，在任意平衡含水率条件下，无论是高平衡含水率还是低平衡含水率下，木材所发生的蠕变都比含水率变化过程中的蠕变量小得多（Armstrong and Christensen，1961）。Takemura认为在水分解吸过程中木材的蠕变比水分平衡状态下大得多，当水分子从木材细胞壁中解吸的瞬间，将形成空穴，这样便为邻近木材实质吸着点或其他运动单元提供了能够自由运动的空间，因此，这些运动单元变得更容易移动了（Takemura，1968；1967；1966）。Mukudai 也认为试材在第一个吸湿过程的加载之前已经历了干燥过程，所以在 S_1 层和 S_2 层间已经产生了松散区域，在这个状态下加载，蠕变量自然会增大（Mukudai，1988；1987；1986）。

Hoseinzadeh 等对木材在 160℃、175℃和 190℃的温度下进行热处理，并评估了改性木材在不同含水率下的蠕变行为。采用傅里叶变换红外光谱（FTIR）寻找蠕变行为和结构变化之间的关系，结果显示了基本的结构变化，木质素部分降解。当处理温度高于 160℃时，蠕变模量下降。经过 160℃处理的样品在潮湿条件下的蠕变性能有所改善，这是由于细胞壁成分降解较弱和吸湿性较低（Hoseinzadeh et al.，2019）。

蒋永涛等通过研究在一定温度条件下木塑材料的蠕变和应力松弛性能可知，在产品中加入增强筋或改进产品配方等可有效减少木塑复合材料的蠕变和应力松弛（蒋永涛等，2009）。

薛菁等利用添加交联剂过氧化二异丙苯（DCP）及刚性树脂聚苯乙烯（PS）两种方法来改进高密度聚乙烯（HDPE）木塑复合材料的弯曲蠕变性能。研究了 DCP、PS 和木粉的含量对 HDPE 木塑复合材料抗蠕变性能及弯曲性能的影响。结果表明，随着 DCP、PS 用量的增加，木塑复合材料的弯曲性能提高，同时复合材料的蠕变性能增强，其蠕变形变降低（薛菁和薛平，2010）。提高木粉含量和使用合适的偶联剂或者界面相容剂均有利于降低木塑复合材料的蠕变（Lee et al.，2004）。

刘建博采用带湿度附件的 DMA，研究了桦木 12%、18%、24% 三个含水率水平在 25℃、55℃、85℃三个温度水平的干燥机械吸附蠕变特性，以及 12%含水率在 25℃、55℃、85℃三个温度水平的交变机械吸附蠕变特性，结果表明桦木（*Betula*）干燥机械吸附蠕变与常规蠕变一样，试件刚受外力作用时会产生一个与时间无关的瞬时形变，试件含水率逐渐降低至终含水率 6%，这段时间内干燥机械吸附蠕变产生很大的蠕变；在终含水率 6%下继续蠕变一段时间，干燥机械吸附蠕变完全转变成常规蠕变，最终干燥机械吸附蠕变产生的蠕变值是常规蠕变的数倍；桦木干燥机械吸附蠕变的总柔量和蠕变柔量均随着温度和含水率的增大而变大；温度和初含水率相同时，终含水率越低，干燥机械吸附蠕变的蠕变柔量越大；桦木交变机械吸附蠕变的总柔量随着循环次数的增加而逐渐变大；试件吸湿时蠕变恢复（即蠕变减小），解吸时蠕变增大，解吸时的蠕变增量大于吸湿时的蠕变恢复量，每循环一次都会产生一定的蠕变净增量（循环蠕变增量）；随着循环次数增加，循环蠕变增量逐渐递减，最终桦木交变机械吸附蠕变趋向稳定；温度越高、循环次数越多，桦木各个解吸蠕变终点的总柔量、吸湿蠕变终点的总柔量、解吸蠕变增量和吸湿蠕变增量越大；桦木第一次吸湿蠕变时，低温时蠕变柔量增加；高温时蠕变柔量减小，桦木交变机械吸附蠕变滞后于湿度的变化，两者有一相位差，温度越低，相位差越大（刘建博，2018）。

程秀才等分析了室内常规环境条件下承受不同应力水平作用的速生杨木及其氨溶季铵铜（ACQ-D）防腐处理木材的蠕变规律，对试验数据进行拟合分析，得到蠕变变形曲线，建立速生杨木及其 ACQ-D 防腐改性材的相对蠕变模型，并对不同受荷时间的速生杨木及其 ACQ-D 防腐改性材的相对蠕变变形进行预测。结果表明，速生杨木及其 ACQ-D 防腐改性材蠕变变形规律相似，其蠕变变形均随着应力水平和受荷时间的增大而增大；由于 ACQ-D 不显著改变速生杨木的力学性能，速生杨木及其 ACQ-D 防腐改性材初始弹性变形接近，低应力水平下蠕变变形也相差不大，但 ACQ-D 防腐提高了速生杨木的吸湿性，从而导致高应力水平下防腐改性木材较大的相对蠕变变形（程秀才等，2017）。

5.2　材料与方法

5.2.1　材料

1. 化学镀铜杨木单板

毛白杨（*Populus tomentosa* Carr.）单板，施镀时间 25 min 镀铜杨木单板；载铜量为厚度 5.164 μm；尺寸 200 mm(*L*)×200 mm(*T*)×1 mm（*R*）。

2. 复合材结构

设有 A、B 两种镀铜实木复合板结构，另设纯杨木单板复合板为参照组 C。尺寸 200 mm（*L*）×200 mm（*T*）× 5 mm（*R*），结构为纵横交错结构，如图 5.1 所示。图 5.1 中 A 结构表达的是共 5 层单板复合压制一起为 5 层合板,其中奇数层为素单板(未镀铜单板),偶数层为镀铜单板；B 结构表达的是共 5 层单板复合压制一起为 5 层合板，其中两个表层为素单板（未镀铜单板），中间 3 层为镀铜单板；C 结构表达的是共 5 层单板复合压制一起为 5 层合板，其中 5 层均为素单板（未镀铜单板）。

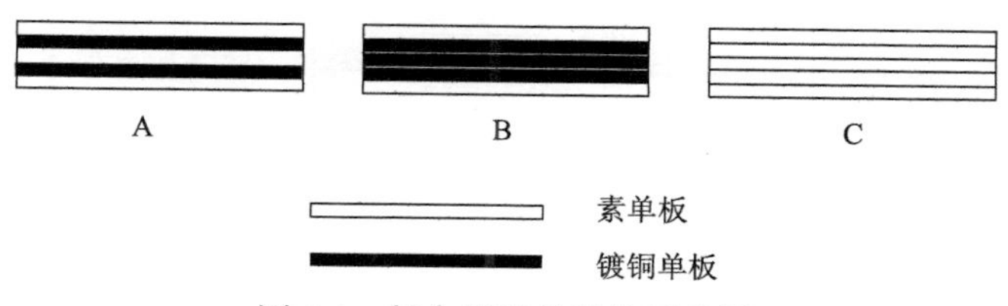

图 5.1　复合材料的结构示意图

热压参数见表 5.1。

表 5.1 热压参数

时间/min	温度/℃	压力/MPa	酚醛树脂施胶量/（g/m^2）
5	150	1.3	138

3. 蠕变试件

蠕变试件尺寸为 110 mm（*L*）×10 mm（*T*）×5 mm（*R*），分别取自 A、B、C 三种结构的多层复合板。每组各精选出 7 根密度及弹性模量相近的试件。其中，1 根用作测 MOR，取其 25%作为蠕变荷载。另外 6 根作为蠕变正式试件，每 2 根用于一种温度条件下的蠕变。

5.2.2 方法

1. 蠕变挠度测试方法

按照美标 ASTM D4761-2005 “Standard test methods for mechanical properties of lumber and wood-base structural material”进行测试，由线性位移传感器测得的蠕变试件上、下表面竖直位移的平均值为试件的蠕变挠度（图 5.2）。上、下表面竖直位移差即为蠕变过程中试件的干缩湿胀变形。

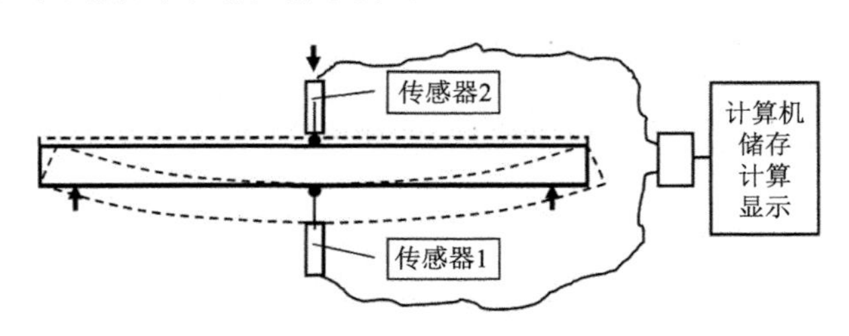

图 5.2 LVDT 测试系统示意图

2. 主要试验设备

（1）岛津 AG-1 型 5 吨万能力学试验机（用于测试试件 MOE、

MOR），精度为 1 N；

（2）西南林业大学自行设计的简易恒温恒湿房 1 间，内含空调（控制室内温度）、加湿器和除湿器（用于调节室内湿度）；

（3）德国宾德 KMF720 恒温恒湿箱一台（蠕变试验进行的场所），温度控制精度为±0.5℃，湿度的控制精度为±2%；

（4）Testo174H 温湿度监控仪（用于监控并储存恒温恒湿箱内温、湿度变化情况），温度控制精度为±1℃，湿度控制精度为±3%；

（5）西南林业大学自行设计、制造的蠕变试验装置（带支架）1 台以及相应配套的控制纯属位移测试系统 1 套。

5.2.3　性能测试

1. 试件的初始含水率

将所有蠕变试件置于温度 20℃、相对湿度为 30%的恒温恒湿箱中至质量不变后取出，用塑料薄膜包裹待用。

2. 蠕变试验过程设计

从每组蠕变试件中取出 2 根置于环境温度为 35℃、相对湿度为 30%的恒温恒湿箱中蠕变 5 h 后，将恒温恒湿箱相对湿度调至 50%，5 h 后调至 70%再隔 5 h 调至 90%；之后每隔 5 h 将相对湿度降低 20%，直至蠕变初始相对湿度 30%。

45℃和 55℃条件下的蠕变同样按上述方法进行。

5.3　结果与讨论

5.3.1　三种结构复合材的机械吸湿蠕变

图 5.3 为 45℃温度下三种结构复合材的变湿蠕变图，35℃和

55℃条件下的蠕变图与45℃条件下的趋势一致。从图5.3中可以看出，在整个吸湿过程中，随着含水率的升高，三种结构复合材的蠕变挠度呈增加态势；在整个解吸过程中，随着含水率的降低，三种结构复合材的蠕变挠度也呈增加态势。实质上，本实验中环境相对湿度 30%→50%→70%→90%可以看作是第一个吸湿过程：即一个阶梯状或跨越式吸湿过程（相对湿度 30%→90%）中插入了几个吸湿节点；相对湿度 90%→70%→50%→30%可以看成是第一个解吸过程：即一个阶梯状或跨越式解吸过程（相对湿度 90%→30%）中插入了几个解吸节点。整个湿度变化过程可以看作是由吸湿蠕变过程中第一个吸湿过程及第一个解吸过程构成，第一个吸湿过程与第一个解吸过程都会发生蠕变且呈现增加的发展趋势，而第一个吸湿过程的蠕变远大于第一个解吸过程的蠕变，这与 Armstrong 在含水

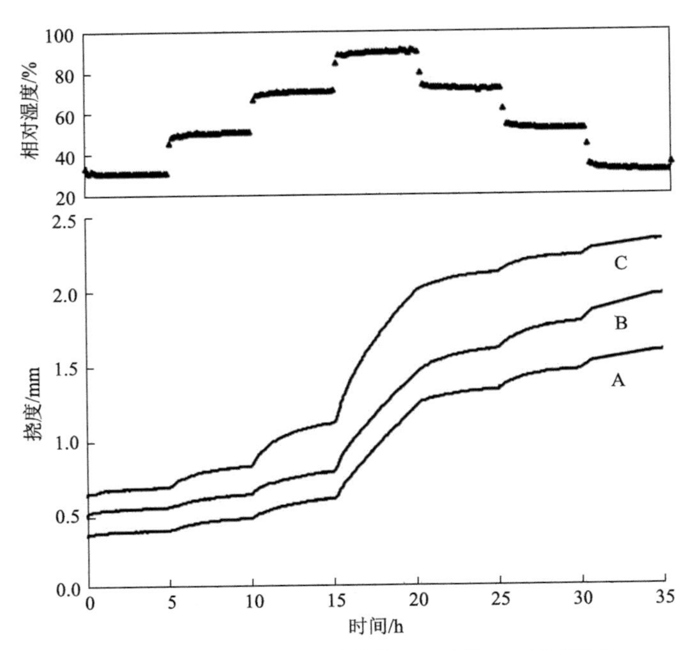

图 5.3　45℃条件下三种结构复合材料的变湿蠕变

率变化过程中研究的机械吸湿蠕变规律相一致（Armstrong and Christensen，1961）。在连续的吸湿过程和解吸过程中，两种结构的复合材仍具有木材的黏弹特性，和素单板多层复合材料一样，蠕变挠度均增加，符合木质材料机械吸湿蠕变的一般规律。

5.3.2 动态含水率下三种结构复合材的蠕变

从图 5.3 中可以看出，在连续的吸湿/解吸过程中，虽然相对湿度的增幅/减幅相同，但是蠕变挠度的增/减量明显不同。以 45℃下，三种结构复合材吸湿过程为例，随着湿度上限的提高，吸湿过程中蠕变挠度增长幅度增大。为了弄清在不同含水率下复合材挠度变化的大小，利用斜率公式来计算其吸湿/解吸阶段的蠕变挠度的增长斜率，公式如下：

$$k = \tan\alpha = \frac{d_2 - d_1}{t_2 - t_1} = \frac{\Delta d}{\Delta t} \quad (5.1)$$

式中：Δd 为挠度变化量；Δt 为时间变化量。结果列于表 5.2 中。

表 5.2 45℃条件下各结构吸湿解吸过程中的斜率值

结构	吸湿过程的相对湿度/%				解吸过程的相对湿度/%		
	30	50	70	90	70	50	30
A	0.0055	0.015	0.0231	0.1219	0.0179	0.0224	0.0165
B	0.01	0.0283	0.0576	0.1784	0.0264	0.0229	0.0162
C	0.0079	0.0157	0.0247	0.1249	0.0293	0.0317	0.0272

从表 5.2 中可以看出，在整个阶段性吸湿过程中，在吸湿过程的初期阶段，湿度越低，蠕变挠度的增长斜率越小，蠕变挠度的变化越小。当相对湿度逐渐增大时，蠕变挠度的增长斜率逐渐变大，蠕变挠度也随着湿度的增大迅速加大，在相对湿度达到 90%时，蠕

变挠度的斜率最大，蠕变变化最显著。这一方面是由于水分子的进入切断了木材细胞壁分子间的氢键连接，取代为细胞壁分子与水分子之间的氢键连接（Navi et al.，2002）。另一方面是因为尽管每个阶段湿度变幅相同，但实际含水率的变化是不一样的，水分变化会引起木材分子链上氢键的破坏与重新连接，进而造成分子链之间的滑移以及细胞壁壁层结构之间的松弛(张文博,2010;Kaboorani et al.，2013；Navi et al.，2002；Roszyk et al.，2012；Takahashi et al.，2006；2005；2004；Violaine et al.，2015）。

从表 5.3 中可以看出，相对湿度 30%→50%吸湿过程中，理论含水率增长只有 2.7%，相对湿度 50%→70%吸湿过程为 3.4%，而相对湿度 70%→90%吸湿过程含水率增幅高达 6.8%，是之前吸湿过程的 2 倍。说明蠕变变化量与复合材湿度变化过程中的含水率增量成正比，在湿度变化过程中，蠕变变形主要发生在湿度较高、含水率改变较大的时期。

表 5.3　吸湿阶段对应的含水率变化

吸湿阶段	相对湿度 30%→50%	相对湿度 50%→70%	相对湿度 70%→90%
Δ 相对湿度/%	20	20	20
Δ 含水率/%	2.7	3.4	6.8

在阶段性解吸过程中，在解吸过程的初期阶段，蠕变斜率的变化较大，随着解吸过程的延长，蠕变斜率的变化逐渐变小。这与 Armstrong 的研究一致：即在解吸过程的初期阶段，蠕变的增大非常迅速，而到了某一个阶段，蠕变的速度逐渐降低。如果延长解吸过程的时间，这种平缓的趋势更为明显。从表 5.2 中可以看出 C 结构复合材在解吸时斜率最大，这主要是由于 C 结构复合材全是由素单板复合而成，其间没有镀铜单板，因此在解吸的瞬间，水分子在木材细胞壁中形成“空穴”、“松散”或“自由体积”的空间大于

B 结构和 A 结构的复合材，木材细胞壁分子的“自由体积”增加，分子链的延展性增强，分子间键能减弱，进而造成分子链之间的滑移以及细胞壁壁层结构之间的松弛，从而使得木材蠕变变化量增大较快，而 B 结构和 A 结构的复合材由于中间存在镀铜单板夹层，夹层中的铜元素有一部分填充在细胞壁的“自由体积”中。因此，在解吸过程中，其蠕变的变化量与 C 结构复合材相比要小得多。35℃和 55℃条件下的蠕变变化量情况与此相同。

5.3.3　动态温度下三种结构复合材的蠕变

图 5.4 为 A 结构复合材在不同温度下的蠕变挠度图。从图中可以看出，在不同温度的影响下，复合材的蠕变挠度大小依次为 55℃>45℃>35℃，在动态温度条件下，随着温度的升高，复合材的蠕变挠度变大。从表 5.4 中可以看出不同温度下对应的平衡含水率变化不大，在达到最高相对湿度 90%时，55℃条件下的理论含水率也仅仅比 35℃时少了 1.6 个百分点，说明在平衡含水率变化不大的情况下，温度对复合材料蠕变性能的影响显著。

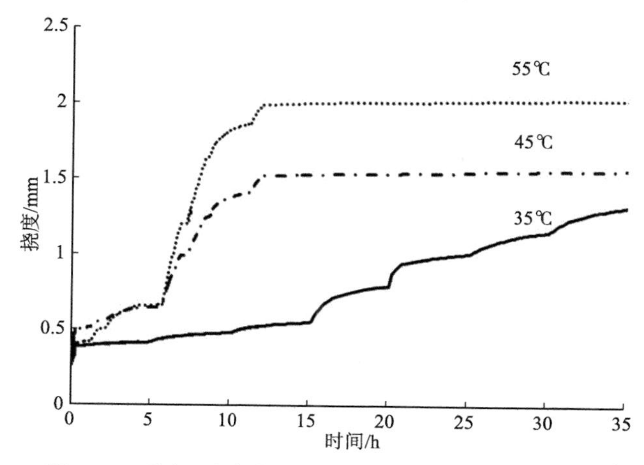

图 5.4　不同温度条件下 A 结构复合材料的蠕变挠度

表 5.4　不同温湿度条件下对应的平衡含水率

温度/℃	平衡含水率/%			
	相对湿度 30%	相对湿度 50%	相对湿度 70%	相对湿度 90%
35	5.80	8.80	12.50	19.70
45	5.60	8.40	11.90	18.90
55	5.20	7.90	11.30	18.10

图 5.3 中也可以看出木材相对应的蠕变挠度与时间的对应关系 d/t。在恒定温度条件下，时间每增加 1 单位所引起的蠕变挠度的增加量的变动曲线中所对应的点：表示在某一时刻蠕变挠度与时间的对应关系，其中 d 指蠕变挠度值，t 指时间值。以 45℃为例，三种结构复合材的对应关系为 d_A/t、d_B/t 和 d_C/t，在同一时刻 t 中对应的蠕变挠度关系为 $d_C>d_B>d_A$，45℃、55℃温度情况下的 d 值与此相同。说明不管在恒定温度条件下，还是在动态温度条件下，A 和 B 结构化学镀单板组成的多层复合材料的抗蠕变性能都优于C结构素单板组成的复合材料。

这是因为温度是影响木材蠕变行为的重要因素，随着温度升高，木材吸收能量会引起细胞壁分子链的伸展和/或滑移，造成分子内化学键的断裂，进而增加分子链的流动性和延展性（何曼君等，1988；Placet，2008；2007），使得蠕变速率增加、蠕变柔量增大（渡辺治人，1984；Larsen and Ormarsson，2014；Ma et al.，2005）。但随着解吸时间的延长，当时间点达到某一时刻后，蠕变速率降低，蠕变特性曲线变得平缓。这主要是由于总的蠕变变形量存在“蠕变极限”（creep limit）（Hunt，1989；Navi and Stefanie，2009；Takahashi et al.，2006；2005；2004），因此随着时间的延长，会出现蠕变挠度曲线变平缓的趋势，温度的升高促进了这一非稳态的发展。从图中可以看出随着温度的升高，复合材的蠕变曲线由非稳态缓慢向稳定的平衡态发展的结构弛豫过程加快，说明温度的升高会加剧复合材的物理老化。

5.3.4　三种不同结构复合材的蠕变

从图 5.3 和图 5.4 中可以看出，相同温度条件下，复合材的蠕变挠度小于杨木单板多层复合材料的蠕变挠度。说明经过镀铜处理后，复合材的抗蠕变性能优于不经过任何处理的杨木单板复合材。这与 4.4 节中镀铜复合材的尺寸稳定性优于未镀铜复合材的结论相一致。在抗蠕变性能方面同样是前者表现优于后者。

从图 5.3 和图 5.4 中还可以看出，在不同吸湿/解吸阶段，化学镀单板组成多层复合材料 A 结构和 B 结构的蠕变挠度变化量，明显要低于素单板组成的复合材料 C 结构的蠕变挠度变化量。以温度 35℃为例，在蠕变挠度变化最大的相对湿度 70%→90%吸湿阶段，多层复合材料 A 结构的蠕变挠度从 0.7 mm 增至 1.7 mm，多层复合材料 B 结构的蠕变挠度从 0.9 mm 增至 2.2 mm，而复合材料 C 结构的蠕变挠度从 1.2 mm 增至 2.5 mm。

这主要是由于化学镀单板组成多层复合材料 A 结构和 B 结构由于其经过化学镀处理，金属元素已融入木材的纤维及分子结构中，在吸湿、解吸过程中，金属元素已部分或全部填充在木材内部形成的“空穴”、“松散”或“自由体积”之中，导致木材分子运动的空间小于正常素单板复合材料 C 的空间，而使化学镀单板组成多层复合材料 A 结构和 B 结构的蠕变量明显低于素单板复合材料 C 结构。因此，化学镀单板组成多层复合材料 A 结构和 B 结构的抗蠕变性能优于素单板复合材料 C 结构。

5.4　小　　结

（1）两种结构的复合材仍具有木材的黏弹特性，和素单板多层复合材料一样，蠕变挠度均增加，符合木质材料机械吸湿蠕变的一般规律。

（2）含水率变化过程中，复合材的蠕变主要发生在含水率改变较大的时候，也就是所谓的吸湿解吸初期。当含水率趋于恒定时，蠕变挠度趋于平缓增加；挠度的变化量与含水率的改变量成正比。相对湿度越低，含水率越低，三种复合材料的抗蠕变性能越好。由于C结构复合材全是由素单板复合而成，在解吸时斜率大于B结构和A结构的复合材。

（3）在动态温度条件下，温度越低，无论是化学镀单板组成多层复合材料A结构和B结构，还是素单板组成的复合材料C结构的抗蠕变性能均优于更高温度时的表现，温度的升高会加剧复合材的物理老化。在动态温度条件下，化学镀单板组成多层复合材料A结构和B结构的抗蠕变性能也是优于素单板组成的复合材料C结构。

（4）由于化学镀单板组成多层复合材料经过化学镀处理，金属元素已融入木材的纤维及分子结构中，减少了木材中分子运动的空间。因此，复合材的抗蠕变性能优于素单板复合材料。

（5）A结构复合材的抗蠕变性能优于B结构复合材。镀铜处理以及合适的组合结构确实能增强复合材的抗蠕变能力。

第6章 镀铜杨木单板多层复合材料的应力松弛

6.1 引　　言

20世纪40年代，Kitazawa对木材应力松弛的物理现象进行了比较系统的研究（Kitazawa，1947）。70年代以来，青木務和佐藤秀次等对木材的化学应力松弛做了开创性、系统性的研究工作（青木務和山田正，1977；佐藤秀次他，1975）。佐藤秀次等利用木质素溶剂SO_2-DMSO、DMDO、纤维素溶剂N_2O_4-DMSO（二甲基亚砜）和SO_2-DEA（二乙胺）-DMSO等处理桦木，测定了木材在处理液—水置换—干燥—水处理过程中的应力松弛，如图6.1所示。在处理液中木材的弹性模量较低，发生了急剧的松弛现象，2 h后用水置换处理液时，又产生急剧的应力松弛，干燥后应力继续松弛并达到一平衡值，其中N_2O_4-DMSO处理木材在干燥2.5 h后应力完全松弛掉，再度浸入水中后应力几乎又回复到水置换后的平衡松弛应力值。对这些溶剂中纤维素和木质素溶液黏度测定及这些溶剂处理后木材的X射线研究表明，这是由于N_2O_4-DMSO对木材的非晶化及这些溶剂对木质素膨胀作用，促进了构成木材物质的网状构造的流动，在水置换这些溶剂过程中，木材网状构造发生连续的重排，随后的干燥起到了固定作用（佐藤秀次他，1975）。

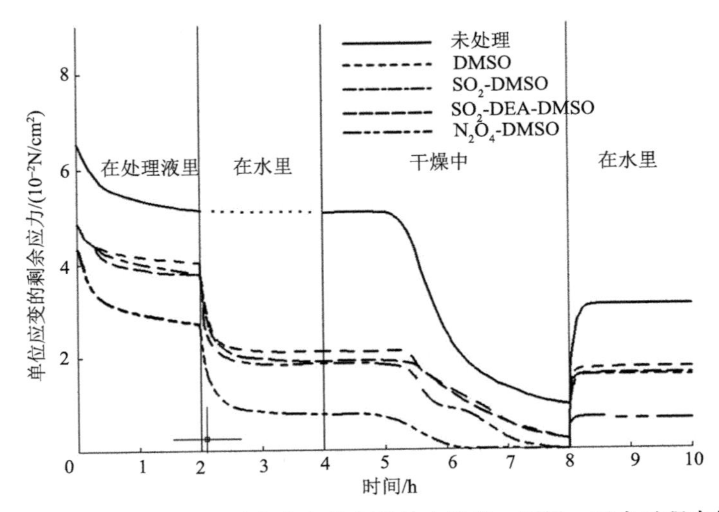

图 6.1　各种试剂处理材在应变状态下的水置换—干燥—吸水过程中的应力松弛（佐藤秀次他，1975）

20 世纪 80 年代以来，鉴于木材压缩变形的永久固定的机理，井上雅文等对水蒸气处理时应力松弛过程中主成分变化等方面进行了探讨（井上雅文和則元京，1991）。則元京和 Dwianto 等提出了在某些处理温度域出现了类似架桥结构的“凝聚结构”，某些温度域则出现了分子链切断的理论（則元京，1994；Dwianto 他，1998）。Andrews 和 Tobolsky 等为了分离切断反应和架桥反应，且对架桥反应进行定量，Tobolsky 等最早提出了不连续应力松弛测定法（Andrews et al.，1946；Tobolsky et al.，1944），棚桥光彦则认为永久固定的机构主要是基于木材分子的凝聚结构而形成的（棚桥光彦，1992）。21 世纪初，王洁瑛通过使用不同剂量的 γ 射线辐射压缩木材，探讨了 γ 射线对木材分子链切断，产生应力松弛的情况（王洁瑛，2000）。唐晓淑通过不同热处理木材的化学应力松弛路径，构建了最优热处理效果的热处理路径组合（唐晓淑，2004）。谢满华判别了热处理木材的物理应力松弛与化学应力松弛的界限（谢满华，

2006）。林剑等则考察了微生物真菌侵蚀木材主成分过程中的应力松弛变化（林剑等，2009）。

Wakashima 等对木材在塑性区域的应力松弛行为是通过在室内环境条件下用螺栓夹紧木材试样 5 年来测量的。通过位移控制施加初始应力，即在木材的径向埋入钢板或垫圈。由于初始应力水平的不同，塑性区域的应力比差异很小，初始应力越高，保持的应力越高。相比之下，弹性区域的夹紧力几乎消失。50 年后估计的应力比在弹性区域为 15%，在塑性区域约为 20%～40%。由于湿度波动的影响，弹性区域很难保持应力，但使用部分塑料嵌入，并有足够的额外末端距离，似乎有可能长时间保持应力（Wakashima et al.，2019）。

Ray 等研究了乔灌木枝条在悬臂荷载作用下，除了常见的瞬态弹性弯曲外，还会发生明显的延迟弹性弯曲，通常为其瞬态弯曲的 30%～50%，有时甚至更多。加载后产生的弯曲蠕变也常常包括一个缓慢的、随时间变化的不可逆弯曲。这些现象普遍存在于不同生物群落、分类群和结构类型的木本植物中。给出了弯曲黏弹性的一些基本物理性质，如载荷依赖性和应力松弛性。这些特性属于枝条木质部细胞的次生壁；有些性质与报道的原发细胞壁有明显不同，对此我们给出解释。在持续加载 24h 过程中，灌木仅在加载后数小时后，快速不可逆弯曲就开始了，这意味着一种不寻常的黏弹性。弯曲动力学的推论表明，延迟的弹性可以帮助保护树枝在暴风雨期间免受阵风的破坏。不可逆弯曲可能对乔、灌木冠的长期形成有促进作用，包括枝条向下弯曲或倾斜的逐渐增加（Ray and Syndonia，2019）。

陈思禹等为了探究氢氧化钠处理对木材黏弹性的影响，对硬白梧桐和樟子松 2 种木材进行不同浓度与不同处理时间单因素分析，利用 XRD 和万能力学试验机分别研究 2 种木材的结晶度和松弛性能。结果表明，碱处理会增加试样的结晶度，硬白梧桐并未出现结晶度最大值，樟子松在 20 g/L 时达到峰值 75.2%。随着处理时间的延长，樟子松的结晶度会在 30 min 内迅速增大 8%，而后缓慢增加。

松弛测试发现，低浓度碱处理均会使木材更容易发生松弛，这主要是由半纤维素的溶出导致的（陈思禹等，2018）。

刘畅采用动态热机械分析仪（DMA），配以湿度附件，研究了含水率为 0%、6%、12%、18%、24%和>30%六个含水率水平的横纹桦木试件在 5～95℃范围内 10 个温度水平（5℃、15℃、25℃、35℃、45℃、55℃、65℃、75℃、85℃、95℃）下的蠕变、应力松弛特性和动态黏弹性特性。结果表明试件的总柔量、瞬时柔量和蠕变柔量均随温度升高而增大，初始松弛模量和终了松弛模量均随温度升高而减小，低含水率试件受温度的影响较小，而高含水率试件受温度的影响很大。在特定的温度下，蠕变柔量和松弛模量会出现突变；试件含水率对总柔量、瞬时柔量、蠕变柔量和松弛模量都有很大影响；总柔量、瞬时柔量随含水率的增大而显著增大，初始松弛模量和终了松弛模量随含水率的增大而减小，含水率越高受温度影响越大；在较高温度和含水率下，温度与含水率对总柔量、瞬时柔量和蠕变柔量都有很大的交互作用。利用时温等效原理可将短期蠕变曲线和短期应力松弛模量曲线分别等效为光滑的长期蠕变曲线和长期应力松弛模量曲线；试件的储能模量随着温度的升高、含水率的增大而减小，温度越高，试件含水率越大，储能模量下降的幅度也越大，含水率试件的损耗因子随试件含水率的增大而增大（刘畅，2016）。

综上所述，在木材应力松弛的过程中，除木材分子的运动外，水分、温度直接影响木材内部生长的应力的被释放。所以，可以看出温度以及木材内部的含水率对应力松弛有很大的影响；温度对木材力学性能影响比较复杂。在室温条件下，温度对材料力学性能的影响比较小。但是在高温和低温条件下，温度对材料力学性能的影响比较大；大多数情况下木材的力学强度随温度升高而降低。当使用绝干的木材测试时，常温下温度对木材应力松弛的影响很小。在高温条件下，当温度达到一定高度时，木材应力松弛的速度会急剧加大，这是由木材细胞壁成分的热分解造成的。含水率也是影响材料力学性能的重要因素，可以影响木质素、纤维素和半纤维素的一些结构性质，从而影响木材内部分子链间的结合能，进一步影响应力松弛的大小；材料的接合尺寸等因素对应力松弛也有很大的影响。

为了考察化学镀铜后复合材的界面特性，本章比较分析了三种结构基材在接合尺寸、温度及含水率等不同状态条件下的应力松弛特性。本章的研究结果为制备高性能复合材的研究及应用提供了基础资料。

6.2　材料与方法

6.2.1　材料

1. 化学镀铜杨木单板

试材采自河北产毛白杨（*Populus tomentosa* Carr.）单板，施镀时间 25 min 镀铜杨木单板；载铜量为厚度 5.164 μm；尺寸 200 mm（*L*）×200 mm（*T*）×1 mm（*R*）。

2. 复合材结构

设 A、B 为两种镀铜实木复合板基材结构，另设纯杨木单板复合材料 C 结构为参照组。复合结构见图 6.2，热压参数见表 6.1。

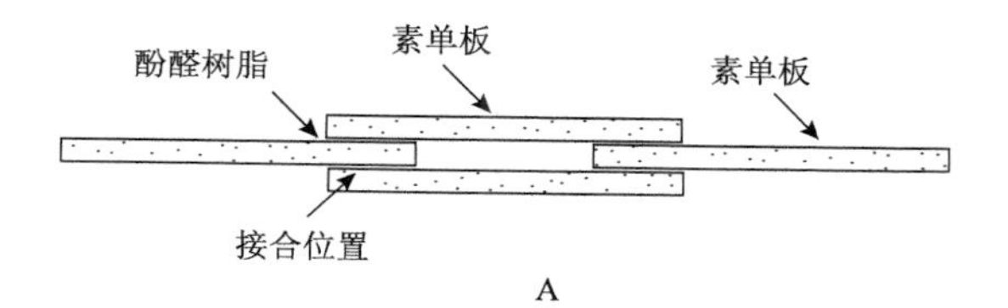

A

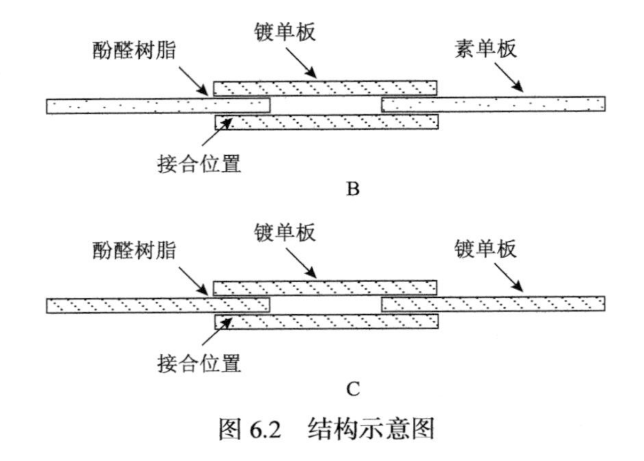

图 6.2　结构示意图

表 6.1　热压参数

时间/min	温度/℃	压力/MPa	酚醛树脂施胶量/（g/m^2）
5	150	1.3	138

6.2.2　方法

应力松弛测定仪器为北京林业大学自制的应力松弛测试仪，如图 6.3 所示。它主要由电动系统（1）、机械系统（2、6、8）、加热系统（9）、冷却系统（4、5）和控制系统（3、10）五部分组成。设计的不锈钢反应容器能使木材浸渍在各种溶液中进行应力松弛测定。计算机中装有一套软件，可以用来控制机械系统并收集和分析数据。试件（7）由上卡头（6）和下卡头（8）两头固定。当拉伸试件使其产生一个不变的变形时，木材里的应力变化可通过应力传感器（3）检测出来并把信号输送到计算机（10）中。

把试件用上下卡头固定后，预稳 10 min，然后开始应力松弛测量。实验中试件的拉伸率为 1%。每个试件的测量时间为 100 min，应力松弛的数据每 10 s 由计算机自动记录。

测量前将所有试件先放入干燥箱中进行绝干。测量时所有的试件都用塑料薄膜密封，以免试件与外界环境进行水分交换。

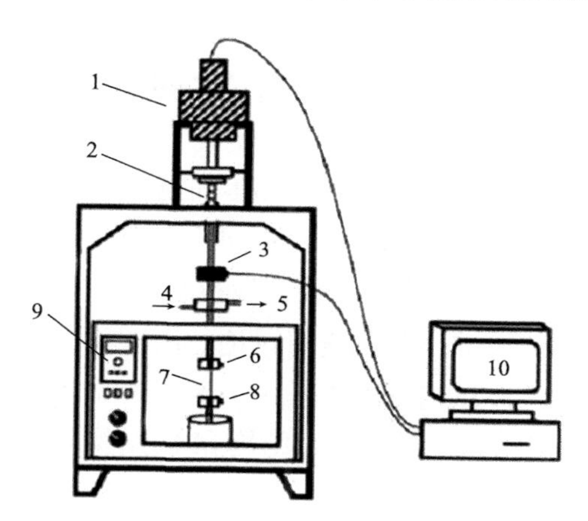

图 6.3　应力松弛测试仪器示意图

1. 电机；2. 导杆；3. 应力传感器；4. 进水口；5. 出水口；6. 上卡头；7. 试件；8. 下卡头；9. 干燥箱；10. 计算机

6.2.3　性能测试

在环境温度 30℃，绝干状态条件下，测定了接合尺寸分别为 5 mm、10 mm、15 mm、20 mm、25 mm，A、B、C 三种结构复合材的轴向拉伸应力松弛。

湿度条件：相对湿度分别为 32%、50%和 75%的条件下，在环境温度设定为 30℃时，测定了三种结构状态下，接合尺寸为 25 mm 复合材的轴向拉伸应力松弛。

温度条件：在温度分别为 50℃、60℃、70℃、80℃时，测定三种结构状态下，接合尺寸为 25 mm 复合材的轴向拉伸应力松弛。

6.3　结果与讨论

6.3.1　相同接合尺寸、不同结构的应力松弛

图 6.4 是温度 30℃条件下，三种不同结构在接合尺寸为 20 mm 时的轴向拉伸应力松弛曲线。由于不同接合尺寸拉伸下三种结构复合材的应力松弛曲线差异较小，在此以接合尺寸为 20 mm 时三种结构复合材的应力松弛曲线为例进行讨论。由图可以看出，在接合尺寸相同的情况下，A 结构与 B 结构复合材的相对应力相差并不大，且有重合的趋势，而 C 结构与 A 结构和 B 结构复合材的相对应力相差较大。由图可以看到，C 结构在经过 100 min 的拉伸后，其相对应力与 A 结构和 B 结构复合材相差近 30%。这主要是因为 C 结构化学镀铜杨木单板间表面接合处被铜层覆盖，单板表面胶层胶液

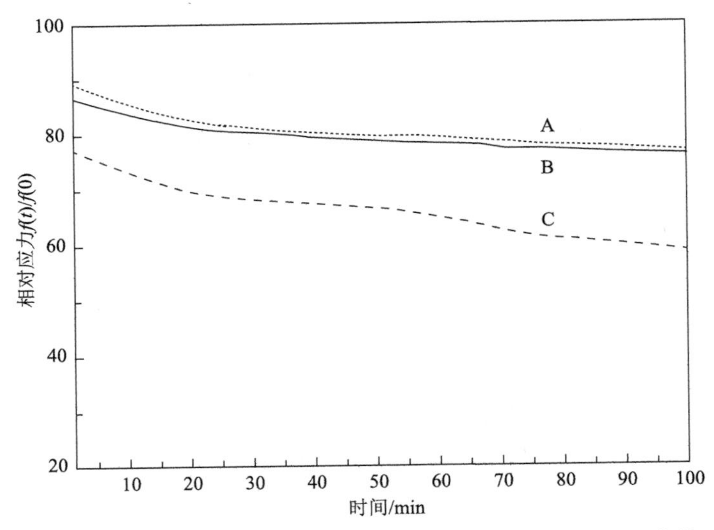

图 6.4　接合尺寸为 20 mm 时三种结构复合材料的应力松弛曲线

分布不均匀，容易产生“胶落”等空白缺胶现象（Devallance et al., 2011），致使单板间胶合强度低下。因此，C 结构复合材的相对应力从初始状态开始就比 A 结构和 B 结构松弛剧烈。而 B 结构复合材为素-镀结构，其表面为镀铜表面与木材表面相接合，因此其相对应力强度要高于 C 结构复合材，而低于 A 结构复合材。

为进一步考察复合材的应力松弛过程，对其松弛速率进行计算。可以由相对应力 $f(t)/f(0)$ 与时间的双对数曲线斜率计算得到。而斜率的大小可以反映复合材料的应力松弛速率。

复合材料在松弛时间前 1000 s 内的松弛关系比较好，可用于计算应力松弛速率，结果见表 6.2。

表 6.2　不同接合尺寸复合材料的应力松弛速率

接合尺寸/mm	应力松弛速率/%		
	结构 A	结构 B	结构 C
5	3.90	4.30	14.02
10	3.91	4.00	12.19
15	4.08	4.16	10.09
20	2.88	3.04	8.56
25	2.69	2.70	6.90

由应力松弛速率结果可以看出，A 结构和 B 结构复合材的松弛速率值明显低于 C 结构。接合尺寸为 5～25 mm 时，A 结构复合材的松弛速率值为 2.69%～4.08%，B 结构复合材为 2.70%～4.30%，两者之间的差距不大，说明 B 结构复合材的镀铜单板与素单板接合对复合材料的胶合强度影响不明显，因此表现出较低的松弛速率值。C 结构复合材由于胶结两面都为镀铜杨木单板，因此胶合强度明显下降，在接合尺寸为 5 mm 时，C 结构复合材的应力松弛速率值最大，可达 14.02%。随着接合尺寸的增加，各单板之间的接合变得紧

密，因此，复合材料的松弛变得平缓，松弛速率明显下降。此外，接合尺寸对 C 结构复合材的应力松弛改善程度较 A 结构和 B 结构明显。在接合尺寸为 25 mm 时，C 结构复合材的松弛速率值可下降到 6.90%。

6.3.2　相同结构、不同接合尺寸的应力松弛

图 6.5 为不同接合尺寸 C 结构复合材的应力松弛曲线。由于三种结构的趋势相差不大，在此只列 C 结构复合材的应力松弛曲线。由图整体来看，C 结构复合材受接合尺寸的影响很大，在接合尺寸为 5 mm 时，拉伸时的相对应力急剧下降。在 100 min 拉伸后接合尺寸 25 mm 的相对应力比接合尺寸 5 mm 的相对应力大 50%左右。

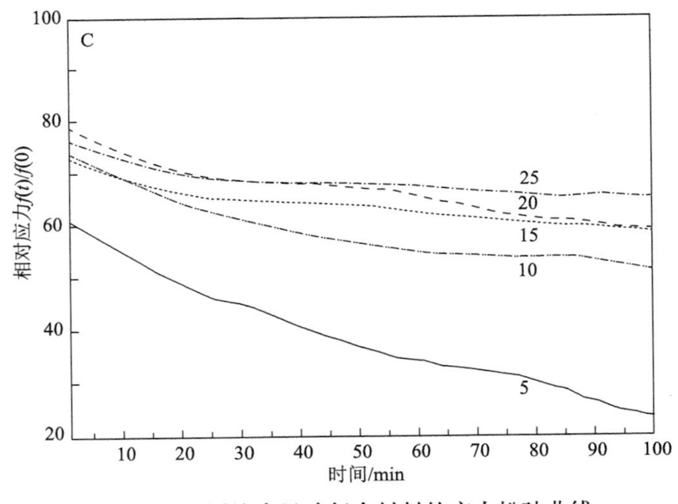

图 6.5　不同接合尺寸复合材料的应力松弛曲线

从表 6.3 中可以看到，接合尺寸的长短对 A 结构与 B 结构的复合材也有影响，但两者表现得不明显，在拉伸时其相对应力下降平

缓，最短尺寸与最长尺寸之间仅相差 10%左右。A 结构的复合材试件的初始相对应力较高，B 结构的复合材相比 A 结构略低，两者的初始相对应力都接近 90%左右，而 C 结构的接合尺寸 5 mm 复合材初始相对应力 61.47%、接合尺寸 25 mm 的复合材初始相对应力 78.36%，平均值在 70%左右。C 结构的复合材在接合尺寸为 5 mm 时，在 100 min 拉伸之后，相对应力仅为 25.39%，应力松弛的强度很弱；接合尺寸为 25 mm 时，在 100 min 拉伸后，相对应力也仅为 74.68%。而 A 结构和 B 结构的复合材，接合尺寸为 5 mm 时，在拉伸 100 min 之后相对应力平均值为 72.81%，最大为 74.67%，最小为 70.94%；接合尺寸为 25 mm 时，在拉伸 100 min 之后相对应力平均值为 81.84%，最大值为 83.14%，最小值为 80.53%。C 结构的复合材受接合尺寸的影响最大，尤其是接合尺寸较短时，拉伸后其相对应力仅为 25.39%。这主要是由于 C 结构的单板都是表面镀铜单板，其间胶层的结合强度比较弱。

表 6.3　不同结构复合材料 100 min 拉伸后的相对应力

结构	时间 0 min 相对应力/%		时间 100 min 相对应力/%	
	接合尺寸 5 mm	接合尺寸 25 mm	接合尺寸 5 mm	接合尺寸 25 mm
A	85.92	89.68	74.67	83.14
B	83.25	87.45	70.94	80.53
C	61.47	78.36	25.39	74.68

6.3.3　不同温度条件下相同结构的应力松弛

图 6.6 是不同温度条件下 B 结构复合材的应力松弛曲线图。由于三种结构的曲线趋势差异不大，在此只列出 B 结构复合材的应力松弛曲线图。由图可知，复合材的相对应力随温度的升高呈减弱的趋势。当温度为 50℃、60℃时，复合材的相对应力相差不大，但当

温度升高至 70℃时，复合材的相对应力较之前变化明显，50℃初始相对应力与 70℃相对应力之差近 10%，当温度升高至 80℃时，差别更加明显，50℃初始相对应力与 80℃相对应力之差有 20%多。

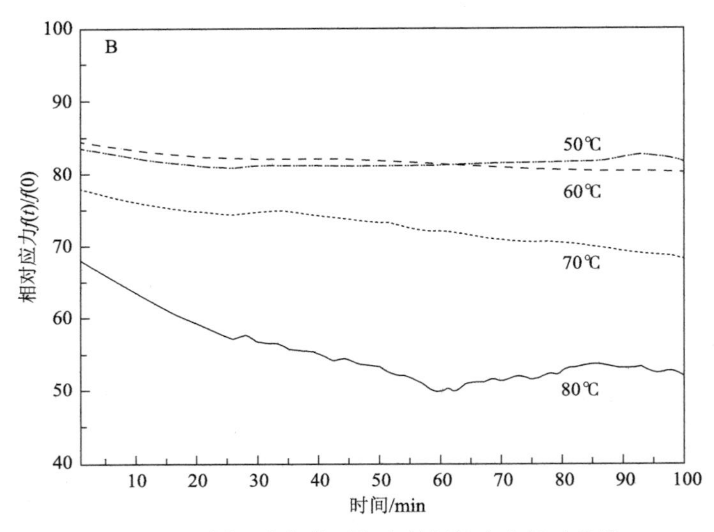

图 6.6　不同温度条件下复合材料的应力松弛曲线

不同温度条件下复合材的应力松弛速率结果见表 6.4。随着温度的增加，杨木多层复合材料的应力松弛速率均有所增加。其中，温度的作用对 C 结构复合材的影响较明显；而 A 结构和 B 结构的复合材，随温度增加，应力松弛速率仅有小幅度上升。由温度 50℃增加到 80℃时，C 结构复合材的应力松弛速率由 9.80%增加到 14.56%，表现出相当剧烈的应力松弛现象。说明随着温度的升高，C 结构复合材的胶合强度急剧下降，因此，应力松弛速率加快。这是由于 B 结构为素-镀结构，表面为木材与镀层的接合层，木材导热较慢而铜层导热较快，受热不均匀导致 B 结构复合材受温度变化的影响较大。而 A 结构复合材为素-素结构，一方面木材是热的不良导体，杨木单板复合材料的热导率仅为 0.116 W/（m·K）（3.3.3 小节），另一方面温度对木材应力松弛特性产生了一定的影响，但温度并没有使木材内部的结构产生破坏，因此 A 结构的复合材受温度变化影响较小，其相对应力值在温度升高时变化不明显。而 C 结构复合材表面都被铜层覆盖，复合材的热导率最高可达 0.334 W/（m·K）（3.3.3 小节），导热速度较快，因此受温度影响较大。

表 6.4　不同温度影响下复合材料的应力松弛速率

温度/℃	应力松弛速率/%		
	结构 A	结构 B	结构 C
50	2.65	3.43	9.80
60	2.80	4.63	9.43
70	2.76	4.66	11.01
80	2.92	5.31	14.56

6.3.4　温度恒定条件不同结构影响下的应力松弛

图 6.7 为温度为 50℃条件下三种结构复合材的应力松弛曲线。从图中可以看到，在相同的温度条件下，三种结构复合材的相对应力表现为 A 结构>B 结构>C 结构。随着温度的升高，三种结构复合材的相对应力松弛速率呈加快趋势。

从表 6.5 中可以看出，在温度为 50℃时，A 结构的复合材初始应力为 87.35%左右，经过 100 min 拉伸后，其相对应力下降到 81.12%，前后相差 6.23 个百分点。B 结构的复合材初始应力为 78.24%，在 100 min 拉伸后相对应力下降到 70.39%，两者相差 7.85 个百分点。C 结构的复合材初始应力为 73.82%，经 100 min 拉伸后相对应力下降到 61.42%，前后相差 12.40 个百分点。在温度为 80℃时，A 结构的复合材初始应力为 82.73%，经过 100 min 拉伸后，相

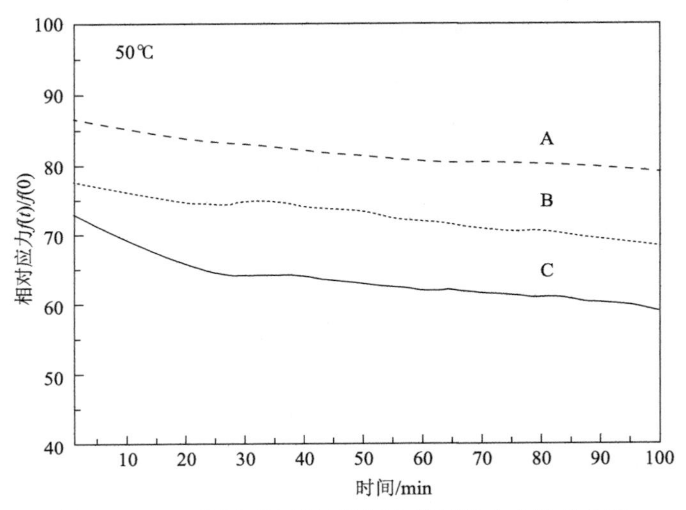

图 6.7　50℃条件下不同结构复合材料的应力松弛曲线

对应力下降到 61.26%，前后相差 21.47 个百分点。B 结构的复合材初始应力为 63.90%，在 100 min 拉伸后相对应力下降到 39.64%，两者相差 24.26 个百分点。C 结构的复合材初始应力为 60.86%，经 100 min 拉伸后相对应力下降到 26.33%，前后相差 34.53 个百分点。可见，C 结构复合材的相对应力受温度变化的影响最大，B 结构复合材在低温时其相对应力随时间的变化不明显，但随着温度的升高其相对应力变化逐渐明显。A 结构复合材的相对应力受温度影响最小。

表 6.5　不同结构复合材料 100 min 拉伸后的相对应力

结构	时间 0 min 相对应力/%		时间 100 min 相对应力/%	
	加热到 50℃	加热到 80℃	加热到 50℃	加热到 80℃
A	87.35	82.73	81.12	61.26
B	78.24	63.90	70.39	39.64
C	73.82	60.86	61.42	26.33

6.3.5　含水率变化过程中三种结构复合材的应力松弛

图 6.8 是含水率 32%、50%和 70%条件下 A 结构镀铜杨木单板多层复合材料的应力松弛曲线图。由于三种结构复合材在不同含水率条件下应力松弛曲线变化趋势的差异较小，在此只列 A 结构复合材的应力松弛曲线。从图中可以看出，随着含水率的升高，复合材的相对应力随之下降。在含水率 32%时，其初始相对应力为 82%左右；在含水率 70%时，初始应力为 68%左右，两者相差近 15 个百分点。这说明伴随含水率的增加，A 结构复合材料的瞬间应力松弛值变化加快。从图中可以看到，在松弛时间约 30 min 时，高含水率 70%的应力松弛曲线随着时间出现转折点趋于平缓下降，不同含水率之间相对应力松弛速率趋于同步。这主要是由于在高含水率状态下，吸着在复合材的细胞壁中多层水分子加剧了木材分子的移动，导致其瞬间应力松弛速率加快，且较快从一个活化状态趋于下一个活化状态（Zhao et al.，1990）。

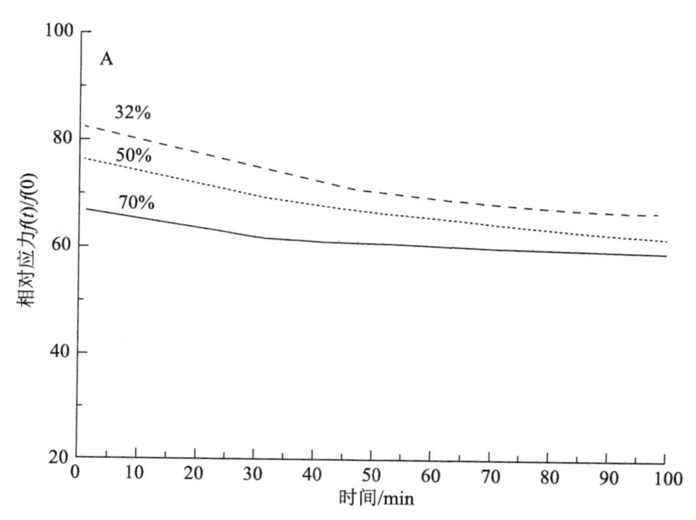

图 6.8　不同含水率影响下复合材料的应力松弛曲线

不同含水率复合材料的应力松弛速率结果见表 6.6。从绝干到含水率 70%的过程中，A 结构和 C 结构复合材的松弛速率值受含水率的影响明显，而 B 结构复合材料的松弛速率值基本保持不变。A 结构复合材料的应力松弛速率值随含水率的增加而增加，说明了在水分的作用下，素单板纤维素容易被水分润胀而使分子链运动加剧，加速复合材料的应力松弛。C 结构复合材料的应力松弛速率则表现出相反的趋势，随含水率的增加而下降。这可能是由于 C 结构复合材料单板表面有镀铜层，随含水率增加表面镀铜层阻隔了水分子的渗入，使得木材中的纤维素没有被水分润胀而减少了分子链之间的运动，从而使应力松弛速率呈下降趋势。而 B 结构复合材料由于是素单板与镀铜单板的复合结构，由于两个因素的叠加作用，随含水率的变化，应力松弛速率变化不明显。

表 6.6　不同含水率影响下复合材料的应力松弛速率

相对湿度/%	应力松弛速率/%		
	结构 A	结构 B	结构 C
绝干	2.69	2.70	6.90
32	5.47	2.38	7.39
50	5.90	2.30	5.50
70	8.50	2.54	4.35

6.4　小　　结

（1）C 结构化学镀铜杨木单板间表面接合处被铜层覆盖，单板表面胶层胶液分布不均匀，容易产生“胶落”等空白缺胶现象，致使单板间胶合强度低下。因此 C 结构复合材的相对应力从初始状态开始就比 A 结构和 B 结构松弛速度快。而 B 结构复合材为素-镀结构，其表面为镀铜表面与木材表面相接合，因此其相对应力强度要高于 C 结构复合材。

（2）A、B、C 三种结构中任一种试件的相对应力松弛随接合尺寸的增加而变得缓慢。其中 C 结构的复合材受接合尺寸的影响最大，尤其是接合尺寸较短时，相对应力仅为 25%左右。这主要是由于 C 结构单板间为镀-镀表面，其间胶层的结合强度比较弱。

（3）C 结构复合材表面都被铜层覆盖，复合材的热导率最高可达 0.334 W/（m·K）（见 3.3.3 小节），导热速度较快，受温度影响最大。B 结构表面为木材与镀层的接合层，木材导热较慢而铜层导热较快，受热不均导致 B 结构复合材受温度变化的影响较大。A 结构复合材为素-素结构，木材是热的不良导体，受温度变化影响最小。

（4）在相同温度条件下，三种结构复合材的相对应力均表现为 A 结构>B 结构>C 结构。C 结构复合材的相对应力受温度变化的影响最大，B 结构复合材在低温时其相对应力随时间的变化不明显，但随着温度的升高其相对应力变化逐渐明显。A 结构复合材的相对应力受温度影响最小。

（5）在水分的作用下，素单板纤维素容易被水分润胀而使分子链运动加剧，加速复合材料的应力松弛，使得 A 结构复合材的应力松弛速率值随含水率的增加而增加。C 结构复合材料单板表面有镀铜层，随含水率增加表面镀铜层阻隔了水分子的渗入，使得木材中的纤维素没有被水分润胀而减少了分子链之间的运动，从而使应力松弛速率呈下降趋势。B 结构复合材由于两个因素的作用，随含水率的变化，应力松弛速率变化不明显。

第7章 结 束 语

目前对化学镀木质电磁屏蔽复合材料的研究主要处于单板镀铜工艺以及镀铜单板的电磁屏蔽效能阶段，并没有进行镀后单板的复合工艺及其性能的相关研究，将其应用于实际的生产生活中。本书试图将化学镀铜单板热压复合成型,制备电热式多层木质复合材料。

为了弄清复合后多层复合材料的电热传导性及力学性能，本书对复合后复合材的导电性、导热性、电磁屏蔽性及其力学性能进行了一系列的深入分析。利用 XRD、XPS、近红外光谱、趋肤效应等方法对化学镀铜杨木单板的特性进行了定性与定量分析，并对复合后复合材的干缩湿胀性、蠕变性及应力松弛特性等力学性能进行了研究，结论如下。

（1）对于不同施镀时间的镀铜单板来说，时间为 25 min 的镀铜处理杨木单板亲水性略好。不同镀铜时间处理后单板的纤维素结晶度较未处理材都有明显降低，Cu 衍射峰表明镀铜层为面心立方结构，且铜层较厚；镀层中 Cu 元素以 Cu^{2+}的形式存在，当施镀时间达到 25 min 后，溶液中 CuOH 与 Cu_2O 的反应渐趋完全，因此沉积到木材单板表面的 Cu 元素增加缓慢。化学镀铜前后样品表面的近红外光谱在形状和吸收强度上存在显著差异，而不同镀铜时间的样品之间也存在差异，镀铜时间 25 min 和 40 min 样品性质较类似，在施镀过程中反应较完全。

（2）未经过镀铜处理的杨木单板不具备电磁屏蔽效能，化学镀铜杨木单板的电磁屏蔽效能在施镀时间高于 25 min、频率范围为 800～1200 MHz 时最高可达 100 dB，其屏蔽效能主要以反射损耗为主。

化学镀铜杨木单板的表面电阻率呈现异向性，逆纹方向的表面电阻率是顺纹方向的3倍左右，且绝干状态下的电阻率大于气干状态下的电阻率，其中C结构复合材的电阻率为无穷大，B结构的导电性能较A结构好。

在相同含水率条件下，A结构和B结构复合材的导热性比C结构高出近2倍，并且随着施镀时间的增加，其热导率也随之增大。B结构复合材的热导率比A结构的热导率要略高一些，且复合材的体积电阻率越小，导电性能越好，导热性能也越强。

（3）在温度恒定、湿度周期变化的条件下，三种结构试材的干缩率呈C>B>A的趋势，含水率呈B>A>C的趋势，复合材的干缩率比未镀铜材料的小，其尺寸稳定性比未镀铜木质复合材料的好。

（4）在连续的吸湿过程和解吸过程中，三种结构的复合材蠕变挠度均增加，符合木质材料机械吸湿蠕变的一般规律。

复合材的蠕变主要发生在含水率改变较大的时候，也就是所谓的吸湿解吸初期。当含水率趋于稳定时，蠕变挠度趋于平缓增加；挠度的变化量与含水率的改变量成正比。在相对湿度变化幅度相同的时候，复合材的蠕变挠度主要取决于相对湿度上限以及实际含水率改变的多少。

随着温度的升高，湿度变化条件下三种结构的复合材的抗蠕变性能有所降低。A结构复合材抗蠕变性能优于B结构。镀铜处理以及合适的组合结构确实能增强复合材的抗蠕变能力。

（5）C结构化学镀铜杨木单板间表面接合处被铜层覆盖，单板表面胶层胶液分布不均匀，容易产生“胶落”等空白缺胶现象，致使单板间胶合强度低下，因此C结构复合材的相对应力从初始状态开始就比A结构和B结构松弛速度快，受接合尺寸的影响最大，尤其是接合尺寸较短时，相对应力仅为25%左右。

B结构复合材为素-镀结构，其表面为镀铜表面与木材表面相接合，因木材导热较慢而铜层导热较快，受热不均匀导致B结构复合材受温度变化的影响较大。A结构复合材为素-素结构，木材是热的不良导体，受温度变化影响最小。在相同温度条件下，三种结构复合材的相对应力均表现为A结构>B结构>C结构。

在水分的作用下，A结构和C结构复合材的松弛速率值变化明显，而B结构复合材料的松弛速率值基本保持不变。A结构复合材的应力松弛速率值随含水率的增加而增加，素单板纤维素容易被水分润胀而使分子链运动加剧，加速复合材料的应力松弛。C结构复合材的应力松弛速率则表现出相反的趋势，随含水率的增加而下降。这可能是由于C结构复合材料单板表面有镀铜层，随含水率增加，表面镀铜层阻隔了水分子的渗入，使得木材中的纤维素没有被水分润胀而减少了分子链之间的运动，从而使应力松弛速率呈下降趋势。B结构复合材由于两个因素的作用，随含水率的变化，应力松弛速率变化不明显。

本研究的创新之处有以下几点。

（1）观测到镀铜杨木单板XRD谱中存在Cu衍射峰，呈面心立方结构。基于化学镀铜液中化学物质的作用，纤维素晶体发生了一定程度的变化，且被铜层覆盖。

（2）发现了杨木单板镀层中Cu以Cu^{2+}形式存在，且随着施镀时间的延长，Cu^{+}的歧化反应趋于完全，CuOH与Cu_2O逐渐还原为金属Cu。当施镀时间达到25 min后，CuOH与Cu_2O的反应渐趋完全。

（3）在800～1200 MHz范围内，镀铜杨木单板电磁屏蔽效能达100 dB以上，属于反射型电磁屏蔽材料。杨木单板多层复合材料A结构的体积电阻率小于B结构。在相同含水率条件下，A结构和B结构的导热性比C结构高出近2倍。

（4）在吸湿解吸过程中，三种结构镀铜杨木单板多层复合材料的蠕变符合机械吸湿蠕变规律。A结构抗蠕变性能优于B结构、C

结构。单板镀铜处理以及恰当的组合结构能够提高镀铜杨木单板多层复合材料的抗蠕变能力。

（5）在相同温度条件下，相对应力变化速度为A结构>B结构>C结构。其原因在于A结构中素单板被水分润胀加剧了材料的应力松弛。C结构由于表面镀铜层中铜离子的阻隔，阻缓了应力松弛。

参 考 文 献

曹金珍，赵广杰，鹿振友. 1997. 热处理木材的水分吸着热力学特性. 北京林业大学学报，19（4）：28-35.

岑兰，陈福林，陈广汉. 2008. 稻糠粉/木粉并用对 PVC 基木塑复合材料的性能影响. 塑料，37（3）：92-94.

陈思禹，薛振华，刘金炜，等. 2018. 碱处理对木材松弛性能的影响. 西北林学院学报，33（2）：193-197.

程秀才，岳孔，贾翀. 2017. ACQ-D 防腐改性对速生杨木蠕变性能的影响. 安徽农业大学学报，44（6）：1038-1042.

戴芳天. 2003. 活性炭在环境保护方面的应用. 东北林业大学学报，31（2）：48-49.

傅峰，华毓坤. 1994. 刨花板抗静电性能的研究. 木材工业，8（3）：7-11.

傅峰，吕斌，王志同，等. 2001. 导电功能木质复合板材的渗滤阈值. 林业科学，37（1）：117-120.

甘雪萍. 2009. 亚铁氰化钾对以次磷酸钠为还原剂化学镀铜的影响. 材料工程，（4）：39-44.

龚仁梅，何灵芝，沈隽，等. 2000. 温度对人工林落叶松木材干缩及密度的影响. 林产工业，27（1）：14-16.

郭海祥. 1992. 化学镀镍磷及镀前处理. 铸锻热，（2）：34-35.

郭海祥. 1995. 氮碳共渗复合强化. 金属热处理，（5）：3-5.

郭文义，郭同诚，王宇，等. 2019. 响应面法优化木材/铜-纳米四氧化三铁磁性复合材料的制备. 电镀与涂饰，38（13）：658-661.

郭忠诚，刘鸿康，王志英，等. 1996. 化学镀层应用现状与展望. 电镀与环保，16（5）：8-12.

何曼君，陈维孝，董西侠. 1988. 高分子物理. 上海：复旦大学出版社.

华毓坤，傅峰. 1995. 导电胶合板的研究. 林业科学，31（3）：254-259.

黄金田，赵广杰. 2004. 木材的化学镀研究. 北京林业大学学报，26（3）：88-92.
黄锐，张雄伟，郑钢. 1993. 塑料抗静电的原理及其应用. 现代塑料加工应用，（1）：34-38.
黄耀富，林正容. 2000. 电磁波遮蔽性纤维板之研究. 林产工业（台湾），19（2）：209-218.
惠彬，李国梁，李坚，等. 2014. 水曲柳单板化学镀 Ni-Cu-P 制备木质电磁屏蔽复合材料. 功能材料，45（10）：10123-10127.
霍栓成，张海燕. 1998. 浅谈热浸镀锌技术. 电镀与精饰，20（1）：22-25.
贾晋. 2011. 木材表面化学镀铜/镀镍及其组织性能研究. 呼和浩特：内蒙古农业大学.
蒋永涛，李大纲，吴正元，等. 2009. 木塑复合材料的蠕变和应力松弛性能研究. 林业机械与木工设备，37（4）：24-26.
雷芳，陈福林，岑兰，等. 2008. 白炭黑增强增韧 PP 基木塑复合材料的研究. 塑料，37（1）：67-69，38.
雷俊玲，张巧丽，郑帅，等. 2013. 陶瓷电子元件局部化学镀铜电极的性能及结构. 电子元件与材料，32（7）：57-59.
李多生，吴文政，俞应炜，等. 2015. SiCp 表面化学镀对 SiCp/Al 复合材料微结构及热性能影响. 功能材料，46（18）：18092-18096.
李鸿年，张绍恭，张炳乾，等. 1990. 实用电镀工艺. 北京：国防工业出版社.
李坚. 2003. 木材波谱学. 北京：科学出版社.
李坚. 2013. 木材保护学. 北京：科学出版社.
李坚，段新芳，刘一星. 1995. 木材表面的功能性改良. 东北林业大学学报，23（2）：95-101.
李建军. 2017. 微波预处理对杨木流变性能影响研究. 长沙：中南林业科技大学.
李景奎. 2019. 纳米 Cu/ZnO 镀层木基复合材料的制备及其物理特性研究. 哈尔滨：东北林业大学.
李景奎，王亚男，王若颖，等. 2019. 磁控溅射镀铜木材单板导电性能和润湿性能. 东北林业大学学报，47（4）：86-90.
李宁. 2004. 化学镀实用技术. 北京：化学工业出版社.
李维亚，俞丹，刘艳，等. 2014. 硫脲对聚甲基丙烯酸甲酯基材化学镀铜的影响. 电镀与涂饰，33（15）：636-640.

廖娜，陈龙健，黄光群，等. 2011. 玉米秸秆木质纤维含量与应力松弛特性关联度研究. 农业机械学报，42（12）：127-132.
林剑，赵广杰，张文博. 2009. 真菌侵蚀木材的微细构造与应力松弛. 北京林业大学学报，31（1）：62-66.
林晓涵. 2017. 碳纤维木质复合材料的电磁学特性模型化研究. 哈尔滨：东北林业大学.
刘畅. 2016. 水分增塑桦木横向黏弹性的研究. 杭州：浙江农林大学.
刘建博. 2018. 宽温度域桦木机械吸附蠕变研究. 杭州：浙江农林大学.
刘仁志. 2006. 波导产品镀银层厚度的确定. 电镀与精饰，28（3）：31-34.
刘涛，洪凤宏，武德珍. 2005. 木粉表面处理对PVC/木粉复合材料性能的影响. 中国塑料，19（1）：27-30.
刘贤淼. 2005. 木基电磁屏蔽功能复合材料（叠层型）的工艺与性能. 北京：中国林业科学研究院.
刘妍，张厚江，黄妍. 2013. 基于薄板类材料检测系统的应力松弛特性研究. 林业机械与木工设备，41（5）：27-30.
刘一星，赵广杰. 2004. 木质资源材料学. 北京：中国林业出版社.
马尔妮，赵广杰. 2006. 木材的干缩湿胀——从平衡态到非平衡态. 北京林业大学学报，28（5）：134-138.
马尔妮，赵广杰. 2012. 木材物理学专论. 北京：中国林业出版社.
孟灵灵，黄新民，魏取福. 2012. 等离子体处理对织物表面溅射铜膜性能的影响. 印染，17：5-7，11.
宁国艳. 2019. 金属络合物改性木材的制备及其表征. 呼和浩特：内蒙古农业大学.
潘艳飞，王中正，胡惠翔，等. 2020. 响应面法优化木材表面连续化学镀铜/镍工艺. 内蒙古农业大学学报（自然科学版），41（2）：56-62.
秦静，张毛毛，赵广杰，等. 2015. 化学镀铜天然高分子材料表面特征的近红外光谱分析. 光谱学与光谱分析，35（5）：1253-1257.
秦静，赵广杰，商俊博，等. 2014. 化学镀铜杨木单板的导电性与电磁屏蔽效能分析. 北京林业大学学报，6：149-153.
商俊博. 2009. 木质电磁屏蔽材料的化学镀制备工艺研究. 北京：北京林业大学.
邵笑，何春霞，姜彩昀. 2019. 木质纤维/PVC复合材料的蠕变和热稳定性. 材料科学与工程学报，37（6）：991-995.
申丹丹. 2007. 乙醛酸化学镀铜的工艺与机理研究. 厦门：厦门大学.
孙丽丽，王立娟. 2016. 化学镀铜木质复合材料视觉环境学特性研究. 森林工程，32（4）：37-40.
唐晓淑. 2004. 热处理变形固定过程中杉木压缩木材的主成分变化及化学应力松弛. 北京：北京林业大学.
藤田容史，奥泉了. 2010. 预测应力的方法及蠕变破坏寿命预测方法. 中国专利：CN201010142043. 5.
汪家铭. 2008. 新型工程塑料聚苯硫醚发展概况及市场分析. 石油化工技术与经济，24（1）：21-24.
王二壮. 1996. 耐水性胶合板及其生产方法. 中国专利（申请）：CN1119979A.
王广武. 1998. 金属板复合型材或板材的制造方法. 中国专利（申请）：CN1197728A.
王洁瑛. 2000. 热处理及γ射线辐射杉木压缩木材的固定. 北京：北京林业大学.
王洁瑛，赵广杰. 1999. 木材变定的产生、回复及其永久固定. 北京林业大学学报，21（3）：71-77.
王洁瑛，赵广杰，杨琴玲，等. 2000. 饱水和气干状态杉木的压缩成型及其热处理永久固定. 北京林业大学学报，22（1）：72-75.
王立娟，李桂玲，李坚. 2007. 镀镍桦木单板的物理性能分析. 东北林业大学学报，35（10）：28-29，63.
王立娟，李坚. 2010. $NaBH_4$ 前处理桦木化学镀镍制备木质电磁屏蔽复合材料. 材料工程，（4）：81-85.
王立娟，李坚，连爱珍. 2005.木材化学镀镍老化镀液的再生与回用. 东北林业大学学报，3（3）：47-48，58.
王立娟，李坚，刘一星. 2004a. 杨木单板表面化学镀镍的工艺条件对镀层性能的影响. 东北林业大学学报，32（3）：37-39.
王立娟，李坚，刘一星. 2004b. 杨木单板表面化学镀镀前活化工艺. 林业科技，29（3）：46-48.
王淑娟，鹿振友，王洁瑛，等. 2001. 5种种源白桦木材干缩性的研究. 北京林业大学学报，23（4）：87-89.
王喜明. 2003. 木材皱缩. 北京：中国林业出版社.

王宇. 2017. 薄木化学镀铜电磁屏蔽刨花板的制备及性能研究. 呼和浩特：内蒙古农业大学.

吴智慧. 1994. 木质材料干缩湿胀对表面装饰质量的影响. 林产工业，21（5）：13-16.

谢满华. 2006. 化学处理木材的应力松弛. 北京：北京林业大学.

谢美菊，严永刚，余自力. 1999. 工业硫化钠法常压合成线性高分子量聚苯硫醚的研究. 高分子材料科学与工程，15（1）：170-172.

徐曼琼，鹿振友，李黎，等. 2001. 火炬松木材的抗弯弹性模量和抗弯强度的变异. 北京林业大学学报，23（4）：56-59.

徐有明，鲍春红，周志翔，等. 2001. 湿地松种源生长量、材性的变异与优良种源综合选择. 东北林业大学学报，29（5）：18-21.

薛菁，薛平. 2010. HDPE/木粉复合材料抗蠕变性能研究. 工程塑料应用，38（4）：9-13.

薛鹏皓，耿桂宏，闫志杰，等. 2017. 4 μm SiC 颗粒表面化学镀铜工艺. 材料保护，50（12）：49-53.

杨杰. 2006. 聚苯硫醚树脂及其应用. 北京：化学工业出版社.

张道礼，龚树萍，周东祥. 2000. 化学镀铜中离子型体分布和络合剂的作用. 材料保护，33（4）：3-4.

张丰，虞孟起. 1999. 一种抗静电复合地板. 中国专利：ZL93112572.3.

张琦，赵月，兰兴飞. 等. 2019. 化学镀 Cu 改性 Al_2O_3/Al 复合材料微观组织及性能研究. 热加工工艺，（10）：114-116.

张文博. 2010. 木材机械吸附蠕变的水分回复效果. 哈尔滨理工大学学报，15（5）：6-9.

张显权，刘一星. 2004a. 木材纤维/铜丝网复合 MDF 的研究. 林产工业，31(5)：17-19.

张显权，刘一星. 2004b. 木纤维/铁丝网复合中密度纤维板. 东北林业大学学报，32（5）：26-28.

赵广杰. 2001. 木材的化学流变学——基础构筑及研究现状. 北京林业大学学报，23（5）：66-70.

中华人民共和国国家军用标准. 电磁屏蔽材料屏蔽效能测量方法. GJB 8820—2015.

周杲. 2005. 木材非电解镀铜工艺及其镀层表征. 北京：北京林业大学.
周杲，赵广杰. 2005. 木材表面化学镀处理技术. 木材工业，19（3）：8-11.
周吓星，李大纲，吴正元. 2009. 阳光环境对塑木地板材色和蠕变性能的影响. 塑料工业，37（3）：67-70.
周兆，曹建春，汤佩钊，等. 2000. 铝箔覆面刨花板. 木材工业，14（1）：32-34.
周臻徽. 2017. 两种竹质工程材料的流变性能研究. 长沙：中南林业科技大学.
朱家琪，罗朝晖，黄泽恩. 2001. 金属网与木单板的复合. 木材工业，15（3）：5-7.
朱江. 2009. 化学镀铜木材轻质电磁屏蔽复合材料的研究. 呼和浩特：内蒙古农业大学.
朱焱，孔小雁，江茜，等. 2012. 表面活性剂在陶瓷化学镀铜工艺中的作用. 中国表面工程，25（1）：76-82.
渡辺治人. 1984. 木材应用基础. 张勤丽译. 上海：上海科学技术出版社.
朴钟莹，徐守安. 1993. Performance Improvement of Medium Density Fiberboard by Combining with Various Nonwood Materials. 林业研究院研究报告（韩），（47）: 35-48.
井出勇，石原茂久，川井秀一，他. 1992. 耐火性炭素复合材料の制造と开发（第二报）—ゲラフアト・フエノール・ホルムアルデヒド树脂热硬化性粉粒体（GPS）をオーバーレイたパーティクルボードの耐火性能と，电磁波遮蔽性能及び遮音性能. 木材学会誌，38（8）：777-785.
井上雅文，則元京. 1991. 熱処理による圧縮変形の永久固定. 木材研究・資料，27：3-40.
浦上弘幸，福山萬治郎. 1969. 木材の吸湿過程における曲げおよび捩り応力緩和. 木材学会誌，15（2）：71-75.
加藤昭四郎，黑须博司，村山敏博. 1991. 多层层积木质系复合材料の制造とその电磁波ッールド特性及び二三のの性质. 森林综合研究所研究报告（日），360：171-184.
佐藤秀次，白石信夫，佐道健. 1975. セルロースおよびリグニン溶剤を用いた木材のセット. 材料，24（264）：885-889.
山田正. 1965. 木材の静的粘弹性. 木材研究，第 34 号：1-9.
山田正. 1971. 木材の静的粘弹性变形と構造. 木材学会誌，17（2）：37-43.

師岡淳郎. 1999. 高温水蒸気雰囲気でのレオロジー. 木材研究・資料，第 35 号：12-20.

師岡淳郎. 2001. 熱および水による木材横圧縮変形の永久固定と構造変化（レオロジーの視点から）. 木材工業，56（12）：604-610.

森泉周，伏谷賢美，蕪木自輔. 1971. 木材の粘弹性と構造（第 1 報）. 木材学会誌，17（10）：431-436.

杉山真樹，則元京. 1996. 化学処理木材の動的な黏弹性シールドの温度依存性. 木材学会誌，42（11）：1049-1056.

青木務，山田正. 1977. 木材のケモレオロジー（第 2 報）. 木材学会誌，23（3）：125-130.

青木務，山田正. 1978a. 木材のケモレオロジー（第 3 報）. 木材学会誌，24（6）：380-384.

青木務，山田正. 1978b. 木材のケモレオロジー（第 4 報）. 木材学会誌，24（11）：784-789.

石原茂久. 2002. 新しい机能性炭素材料炭素材としての木炭の利用. 木材工业（日），51（1）：2-7.

祖父江寛，村上谦吉，右田哲彦，他. 1964a. エチレン—フロヒレン共重合体の化学レオロジー. 高分子化学，21（234）：602-605.

祖父江寛，松崎启等，右田哲彦，他. 1964b. 化学応力緩和における不连续緩和測定法の再讨论. 高分子化学，21（234）：606-612.

則元京. 1994. 木材ムアルデ热水蒸气处理. 木材工业（日），49（12）：588-592.

則元京，山田正. 1965. ヒノキの曲げ応力緩和に及ぼす湿度の影響. 木材研究第 35 号：44-50.

大熊幹章，森田直樹. 1971. 木材る曲げ応力緩和に関する一考察. 木材学会誌，17（2）：74-78.

棚桥光彦. 1992. スチーム 処理による木质の变形固定机构. 木材工业（日本），47（6）：254.

長澤長八郎，熊谷八百三. 1989. Ni めっき木片を用いた木質系電磁波シールド材. 木材学会誌，35（12）：1092-1099.

長澤長八郎，熊谷八百三. 1990. Ni めっき木片をコアにもつ成形体の電磁波シールド特性の評価. 木材学会誌，36（7）：531-537.

長澤長八郎，熊谷八百三. 1992. 前処理工程によるニッケル被覆木材小片を用いた電磁波シールド材の特性変化. 木材学会誌，38（3）：256-263.

長澤長八郎，熊谷八百三，卜部啓. 1991. Ni めっき単板の導電性及び電磁波シールド特性. 木材学会誌，37（2）：158-163.

長澤長八郎，梅原博行. 1990. 無電解ニッケルめっき単板の導電性、電磁波遮蔽特性に及ぼす樹種の影響. 木材学会誌，40（10）：1092-1099.

長澤長八郎，梅原博行. 1992. 木材小片への無電解ニッケルめっきにおける前処理工程と皮膜の析出状態変化. 木材学会誌，38（11）：1010-1016.

唐沢健司，近藤尚志，小岛昭，他. 1992. 炭素を用いる电磁波遮蔽性木质材料の调制. 木材工业（日），47（7）：312-318.

品川俊一，卜部啓，長澤長八郎. 1989. 無電解めつき技术を利用レた導電纸及ひ木质板の开発とろの应用. 纸バ技协誌，43（6）：574-584.

富村洋一，铃木岩雄. 1987. 炭素纤维をコアにもつ MDF の制造. 木材学会誌，33（8）：645-649.

Celozzi S，Araneo R，Lovat G. 2010. 电磁屏蔽原理与应用. 郎为民，等译. 北京：机械工业出版社.

Dwianto W，師岡淳郎，則元京. 1998. 高温・高压水蒸気での木材の粘弹性測定法. 木材学会誌，44（2）：77-81.

Amer J, Abukassem I, Mrad O, et al. 2016. Nickel films prepared by electroless plating and arc discharge deposition methods on beech wood: Physical and chemical properties. International Journal of Surface Science and Engineering, 10(4): 339-352.

Andrews R D, Tobolsky A V, Hanson E E. 1946. The theory of set at elevated temperatures in the natural and synthetic rubber vulcanizates. Journal of Applied Physics, 17(5): 352-361.

Armstrong L D, Christensen G N. 1961. Influence of moisture changes on deformation of wood under stress. Nature, 191 (4791): 869-870.

Barber N F. 1968. A theoretical model of shrinking wood. Holzforschung, 22(4): 93-103.

Barber N F, Meylan B A. 1964. The anisotropic shrinkage of wood: A theoretical model. Holzforschung, 18(5): 146-156.

Barrett J D, Schniewind A P, Taylor R L. 1972. Theoretical shrinkage model for wood cell walls. Wood Science and Technology, 4(3): 178-192.

Baxter S, Vodden H A. 1963. Stress relaxation of vulcanized rubbers. Polymer, 4: 145-154.

Beoy F Y C. 1989. Nonlinear creep deformation analysis of a radiation-cured wood polymer composite. Composites Science and Technology, 35(3): 257-272.

Bledzki A K, Farukh O. 2003. Wood fibre reinforced polypropylene composites: Effect of fibre geometry and coupling agent on physico-mechanical properties. Applied Composite Materials, 10(6): 365-379.

Boyd J D. 1974. Anisotropic shrinkage of wood: Identification of the dominant determinants. Moluzai Gakkaishi, 20: 473-482.

Boyd J D. 1977. Relationship between fibre morphology and shrinkage of wood. Wood Science and Technology, 11(1): 3-22.

Browne F L. 1957. Swelling of springwood and summerwood in soft wood. Forest Product Journal, 7(11): 416-424.

Cao J Z, Zhao G J, Lu Z Y. 1997. Thermodynamic characteristics of water absorption of heat treated wood. Journal of Beijing Forestry University, 19(4): 26-33.

Carltone A, Geibej E. 1999. Process for preparing high molecular weight poly(arylene sulfide) polymers using lithium salts. US: 5929203: 7-27.

Cave I D. 1978a. Modelling moisture_related mechanical properties of wood: Computation of properties of a model of wood and comparison with experimental data. Wood Science and Technology, 12(2): 127-139.

Cave I D. 1978b. Modelling moisture_related mechanical properties of wood: Properties of the wood constituents. Wood Science and Technology, 12(1): 75-86.

Chanhan S S, Aggarwal P. 2004. Effect of moisture sorption state on transverse dimensional changes in wood. European Journal of Wood and Wood Products, 62(1): 50-55.

Chen M, Zhou W J, Chen J Z, et al. 2019. Rendering wood veneers flexible and electrically conductive through delignification and electroless Ni plating. Materials, 12(19): 3198-3207.

Chia L H L, Teoh S H, Boey F Y C. 1987. Creep-character-istics of a tropical wood-polymer composite. International Journal of Radiation Applications and Instrumentation. Part C. Radiation Physics and Chemistry, 29(1): 25-30.

Chomcharm A, Skaar C. 1983a. Moisture and transverse dimensional changes during airdrying of small green hardwood wafers . Wood Science and Technology, 12(1): 227-240.

Chomcharm A, Skaar C. 1983b. Dynamic sorption and hygroexpansion of wood wafers exposed to sinusoidally varying humidity. Wood Science and Technology, 12(1): 259-277.

Dent R W. 1977. A multilayer theory for gas sorption part Ⅰ: Sorption of a single gas. Testile Research Journal, 47(2): 145-152.

DeVallance D B, Funck J W, Reeb J E. 2011. Evaluation of laminated veneer lumber tensile strength using optical scanning and combined optical-ultrasonic techniques. Wood and Fiber Science , 43(2): 169-179.

Dwianto W. 1999. Mechanism of Permanent fixation of radial compressive deformation of wood by heator steam treatment. 京都：京都木质研究所.

Dwianto W, Morooka T, Norimoto M, et al. 1999a. Stress relaxation of sugi (cryptomeria japonica don) wood in radial compression under high temperature steam. Holzforschung, 53: 541-546.

Dwianto W, Morooka T, Norimoto M. 1999b. Method for measuring visco elastic properties of wood under high temperature and high pressure steam conditions. Wood Science, 45: 373-377.

Espenas L D. 1971. Shrinkage of douglas_fir western hemlock and red alder as affected by drying conditions. Forest Products Journal, 21(6): 44-46.

Fahey D R, Carlton E. 1991. Mechanism of poly (*p*-phenylene sulfide) growth from *p*-dichlorobenzene and sodium sulfide. Macromolecules, 24(15): 4242-4249.

Farmer R H. 1972. The Handbook of Hardwoods. 2nd ed. London: Her Majesty Stationary Office.

Gu H, Zink S A, Shell J. 2001. Hypothesis on the role of cell wall structure in differential transverse shrinkage of wood. Holz Roh Werkstoff, 59(6): 436-442.

Harris J M. 1961. The dimensional stability, shrinkage intersection point and related properties of New Zealand timbers. Wellington: N Z Forest Research Institute.

Harris J M, Meylan B A. 1965. The influence of microfibril angle on longitudinal and tangential shrinkage in Pinus radiata . Holzforschung, 19(5): 144-153.

Hein P R G, Campos A C M, Mende R F, et al. 2011. Estimation of physical and mechanical properties of agro-based particleboards by near infrared spectroscopy. European Journal of Wood and Wood Products, 69(3): 431-442.

Henry J. 1995. Electroless (autocatalytic, chemical) Plating. Metal Finishing, 93(1): 401-414.

Hoseinzadeh F, Zabihzadeh S M, Dastoorian F. 2019. Creep behavior of heat treated beech wood and the relation to its chemical structure. Construction and Building Materials, 226: 220-226.

Hunt D G. 1989. Linearity and non-linearity in mechano-sorptive creep of softwood in compression and bending. Wood Science and Technology, 23(4): 323-333.

Inoue M, Minato K, Norimoto M. 1994. Permanent fixation of compressive deformation of wood by cross linking. Mokuzai Gakkaishi, 40(9): 931-936.

Inoue M, Norimoto M. 1991. Permanent fixation of compressive deformation in wood by heat treatment. The Wood Study Material, 27: 31-40.

Ito M M, Onda M, Ona S, et al. 1990. PPS preparation. A kinetic study and the effect of water on the poly merization. Bulletin of the Chemical Society of Japan, 63: 1484 -1488.

Ivan M. 1996. Contribution to the electrically conductive particleboards proposal. Drevárskyvýskum, 41(4): 11-22.

Kaboorani A, Blanchet P, Laghdir A. 2013. A rapid method to assess viscoelastic and mechanosorptive creep in wood. Wood and Fiber Science, 45(4): 370-382.

Keylwerth R. 1964. Untersuchungenüber freie und behinderte Quellung Unter such ungenüber den Quellungs verlauf und die Feuchtigkeitsabh ngigkeit der Rohdichte von Hlzern. Holz Roh Werkst, 22(7): 255-258.

Kitazawa G. 1947. Relaxation of Wood under Constant Strain. New York: State College Forestry at Syracuse University.

Lambuth A L. 1990. Electrically Conductive Particleboard. Proceedings of the 23rd International.

Larsen F, Ormarsson S. 2014. Experimental and finite element study of the effect of temperature and moisture on the tangential tensile strength and fracture behavior in timber logs. Holzforschung, 68(1): 133-140.

Lee S Y, Yang H S, Kim H J, et al. 2004. Creep behavior and manufacturing parameters of wood flour filled polypropylene composites. Composite Structures, 65(3-4): 459-469.

Lukes R M. 1964. The Mechanism for autocatalytic reduction of nickel by hypophosphite ion. Plating, 51: 969-971.

Ma E N, Nakao T, Zhao G J, et al. 2010a. Dynamic sorption and hygroexpansion of wood subjected to cyclic relative humidity changes. Wood and Fiber Science: Journal of the Society of Wood, 42(2): 229-236.

Ma E N, Nakao T, Zhao G J. 2010b. Responses of vertical sections of wood samples to cyclical relative humidity changes. Wood and Fiber Science: Journal of the Society of Wood, 42(4): 550-552.

Ma E N, Zhao G J, Cao J Z. 2005. Hygroexpansion of wood during moisture adsorption and desorption processes. Forestry Studies in China, 7(2): 43-46.

Mcintosh D C. 1955. Shrinkage of red oak and beech. Forest Products Journal, 5(5): 355-359.

Mcmillen J M. 1955. Drying stresses in red oak: Effect of temperature. Forest Products Journal, 5(4): 230-241.

Meylan B A. 1972. The influence of microfibril angle on the longitudinal shrinkage moisture content relationship. Wood Science and Technology, 6(4): 293-301.

Mooney M, Wolstenholme W E, Villars D S. 1944. Drift and relaxation of rubber. Journal of Applied Physics, 15: 324-337.

Mukudai Y. 1986. Modeling and simulation of viscoelastic behavior (tensile strain) of wood under moisture change. Wood Science and Technology, 20: 335-348.

Mukudai Y. 1987. Modeling and simulation of viscoelastic behavior (bending deflection) of wood under moisture change. Wood Science and Technology, 21: 49-63.

Mukudai Y. 1988. Verification of Mukudai's mechno-sorptive model. Wood Science and Technology, 22: 43-58.

Musafumi I, Kazuya M, Misato N. 1994. Permanent fixation of compressive deformation of wood by crosslinking . Mokuzai Gakkaishi, 40(9): 931-936.

Nagasawa C, Kumagai Y, Koshizaki N, et al. 1992. Changes in electromagnetic shielding properties of particleboards made of nickel-plated wood particles formed by various pre-treatment processes. Journal of Wood Science, 38(3): 256-263.

Nagasawa C, Kumagai Y, Urabe K, et al. 1999. Electromagnetic shielding particleboard with nickel-plated wood particles. Journal of Porous Material, 6(3): 247-254.

Nagasawa C, Kumagai Y, Urabe K. 1990. Electromagnetic shielding effectiveness particleboard containing nickel-metalized wood particles in the core layer. Journal of Wood Science, 36(7): 531-537.

Nagasawa C, Kumagai Y, Urabe K. 1991. Electroconductivity and electromagnetic-shielding effectiveness of nickel-plated veneer. Journal of Wood Science, 37(2): 158-163.

Nagasawa C, Umehara H, Koshizaki N. 1994. Effects of wood specie on electro-conductivity and electromagnetic shielding properties of electrolessly plated sliced veneer with nickel. Journal of Wood Science, 40(10): 1092-1099.

Najafi S K, Sharifnia H, Tajvidi M. 2008. Effects of water absorption on creep behavior of wood-plastic composites. Journal of Composite Materials, 42(10): 993-1002.

Nakahara S, Okinaka Y. 1991. Microstructure and mechanical properties of electroless copper deposits. Annual Review of Materials Science, 21: 93-129.

Navi P, Pittet V, Plummer C J G. 2002. Transient moisture effects on wood creep. Wood Science and Technology, 36(6): 447-462.

Navi P, Stefanie S T. 2009. Micromechanics of creep and relaxation of wood. A review cost action E35 2004~2008: Wood machining-micromechanics and fracture. Holzforschung, 63(2): 186-195.

Nayak L, Khastgir D, Tapan K C. 2013. A mechanistic study on electromagnetic shielding effectiveness of polysulfone/carbon nanofibers nanocomposites. Journal of Materials Science, 48(4): 1492-1502.

Noack D, Schwab E, Bartz A. 1973. Characteristics for a judgment of the sorption and swelling behavior of wood. Wood Science and Technology, 7(3): 218-236.

Norimoto M. 1993. Large compressive deformation in wood. Mokuzai Gakkaishi, 39(8): 867-874.

Ore S. 1959. A modification of method of intermittent stress relaxation measurement on rubber vulcanization. Journal of Applied Polymer Science, 2: 318-321.

Pan Y F, Huang J T, Guo T C, et al. 2015. Nano-SiC effect on wood electroless Ni-P composite coatings. Proceedings of the Institution of Mechanical Engineers, Part N: Journal of Nanoengineering and Nanosystems, 229(4): 154-159.

Pang S. 2002. Predicting anisotropic shrinkage of soft wood Part Ⅰ: Theories, Wood Science and Technology, 36(1): 75-91.

Pentoney R H. 1953. Mechanisms affecting tangential *vs*. radial shrinkage. Forest Products Journal, 3(2): 27-32.

Placet V, Passard J, Perré P. 2007. Viscoelastic properties of green wood across the grain measured by harmonic tests in the range 0~95℃: Hardwood *vs*. softwood and normal wood *vs*. reaction wood. Holzforschung, 61(5): 548-557.

Placet V, Passard J, Perré P. 2008. Viscoelastic properties of wood across the grain measured under water-saturated conditions up to 135℃: Evidence of thermal degradation. Journal of Materials Science, 43(9): 3210-3217.

Pulngern T, Padyenchean C, Rosarpitak V, et al. 2011. Flexural and creep strengthening for wood/PVC composite member using flat bar strips. Materials and Design, 32(6): 3431-3439.

Quirk J T. 1984. Shrinkage and related properties of Douglas-fir cell walls. Wood and Fiber Science, 16(2): 115-133.

Ray P M, Syndonia B M. 2019. Elastic and irreversible bending of tree and shrub branches under cantilever loads. Frontiers in Plant Science, 10: 59.

Robati D. 2012. Pseudo-second-order kinetic equations for modeling adsorption systems for removal of lead ions using multi-walled carbon nanotube. Journal of Nanostructure in Chemistry, 3(55): 1-6.

Roszyk E, Moliński W, Jasińska M. 2010. The effect of microfibril angle on hygromechanic creep of wood under tensile stress along the grains. Wood

Research, 55(3): 13-24.

Roszyk E, Mania P, Molinski W. 2012. The influence of micro fibril angle on creep of Scoth Pine wood under tensile stress along the grains. Wood Research, 57(3): 347-358.

Sain M M, Balatinecz J, Law S. 2000. Creep fatigue in engineered wood fiber and plastic compositions. Journal of Applied Polymer Science, 77(2): 260-268.

Schelkunoff. 1943. Electromagnetic waves. D. Van Nostrand Company, Inc. .

Schwanninger M, Rodrigues J C, Fackler K. 2011. A review of band assignments in near infrared spectra of wood and wood components. Journal of Near Infrared Spectroscopy, 19(5): 287-308.

Seborg R M, Tarkow H, Stamm A J. 1953. Effect of heat upon the dimensional stabilization of wood. Forest Products Research, 3: 59-67.

Segal L, Creely J J, Martin A E, et al. 1959. An empirical method for estimating the degree of crystallinity of native cellulose using the X-ray diffractometer. Textile Research Journal, 29(10): 786-794.

Shi C H, Tang Z J, Wang L, et al. 2017. Preparation and characterization of conductive and corrosion-resistant wood-based composite by electroless Ni-W-P plating on birch veneer. Wood Science and Technology, 51(3): 685-698.

Skaar C. 1988. Wood Water Relations. Berlin: Springer Verlag.

Stamm A J. 1964. Wood and Cellulose Science. New York: Ronald.

Stevens W C. 1963. The transverse shrinkage of wood. Forest Products Journal, 13(9): 386-389.

Sun B L, Liu J L, Liu S J, et al. 2011. Application of FT-NIR-DR and FT-IR-ATR spectroscopy to estimate the chemical composition of bamboo (Neosinocalamus affinis Keng). Holzforschung, 65(5): 689-696.

Sun L L, Li J, Wang L J. 2012. Electromagnetic interference shielding material from electroless copper plating on birch veneer. Wood Science and Technology, 46(6): 1061-1071.

Takahashi C, Ishimaru Y, Iida I, et al. 2004. The creep of wood destabilized by change in moisture content. Part 1: The creep behaviors of wood during and immediately after drying. Holzforschung, 58(3): 261-267.

Takahashi C, Ishimaru Y, Iida I, et al. 2005. The creep of wood destabilized by change in moisture content. Part 2: The creep behaviors of wood during and immediately after adsorption. Holzforschung, 59(1): 46-53.

Takahashi C, Ishimaru Y, Iida I, et al. 2006. The creep of wood destabilized by change in moisture content. Part 3: The influence of changing moisture history on creep behavior. Holzforschung, 60(3): 299-303.

Takemura T. 1966. Plastic properties of wood in relation to the non-equilibrium states of moisture content. Kyoto: Kyoto University.

Takemura T. 1967. Plastic properties of wood in relation to the non-equilibrium states of moisture content (continued). Mokuzai Gakkaishi, 13: 77-81.

Takemura T. 1968. Plastic properties of wood in relation to the non-equilibrium states of moisture content (re-continued). Mokuzai Gakkaishi, 14: 406-410.

Tanahshi M, Goto T, Horii F, et al. 1989. Characterization of steam-exploded wood: Ⅲ. Transformation of cellulose crystal sand changes of crystalinity. Mokuzai Gakkaishi, 35(7): 654-662.

Taylor A M, Labbé N, Noehmer A. 2011. NIR-based prediction of extractives in American white oak heartwood. Holzforschung, 65(2): 185-190.

Teoh S H, Chia L H L, Boey F Y C. 1987. Creep rupture of tropical wood polymer composite. International journal of radiation applications and instrumentation. Part C. Radiation Physics and Chemistry, 29(1): 1-88.

Tobolsky A V, Prettyman I B, Dillon J H. 1944. Stress relaxation of natural and synthetic rubber stocks. Journal of Applied Physics, 15: 380-395.

Tsuchikawa S, Schwanninger M. 2013. A review of recent near-infrared research for wood and paper (Part 2). Applied Spectroscopy Reviews, 48(7): 560-587.

Violaine G R, Cisse O, Placet V, et al. 2015. Creep behaviour of single hemp fibres. Part Ⅱ: Influence of loading level, moisture content and moisture variation. Journal of Materials Science, 50 (5): 2061-2072.

Wakashima Y, Shimizu H, Kitamori A, et al. 2019. Stress relaxation behavior of wood in the plastic region under indoor conditions. Journal of Wood Science, 65(1): 1-9.

Wang J Y, Zhao G J. 2001. Gamma Irradiation of compressed wood of Chinese fir.

Forest Studies in China, 3(1): 58-65.

Wang L J, Li J. 2013. Electromagnetic-shielding, wood-based material created using a novel electroless copper plating process. BioResources, 3(8): 3414-3425.

Wang L J, Li J, Liu Y X. 2005. A Study on surface characteristics of electroless nickel plated electromagnetic shielding wood veneer. Journal of Forestry Research, 16(3): 233-236.

Wang L J, Li J, Liu Y X. 2006. Preparation of electromagnetic shielding wood-metal composite by electroless nickel plating. Journal of Forestry Research, 17(1): 66-69.

Wu C H, Huang Y S, Kuo L S, et al. 2013. The effects of boundary wettability on turbulent natural convection heat transfer in a rectangular enclosure. International Journal of Heat and Mass Transfer, 63: 249-254.

Yamamoto H. 1999. A model of the anisotropic swelling and shrinking process of wood: Part 1. Generalizetion of Barber's wood fiber model. Wood Science and Technology, 33(4): 311-325.

Yamamoto H, Sassus F, Ninomiya M, et al. 2001. A model of the anisotropic swelling and shrinking process of wood: A simulation of shrinking wood. Wood Science and Technology, 35(1-2): 167-181.

Zhao G, Norimoto M, Yamada T. 1990. Dielectric relaxation of water adsorbed on wood. Mokuzai Gakkaishi, 36: 257-263.

Zhou G, Zhao G J. 2004. Development of electroless copper and gold plating on wood. Chinese Forestry Science and Technology, 3(4): 76-80.

索　引